웃음이 절로 나는

아빠의 육아

프 롤 로 그

"인생은 모두가 함께하는 여행이다. 매일매일 사는 동안 우리가 할 수 있는 건 최선을 다해 이 멋진 여행을 만끽하는 것이다"<영화 어바웃 타임 중 주인공 팀의 대사>.

리처드 커티스 감독의 영화 '어바웃 타임'은 자신의 운명을 바꾸기 위해 시간을 되돌리는 시간 여행자의 사랑을 그린 작품이다. 주인공 팀은 사랑하는 여인과의 재회를 위해, 암에 걸린 아버지와 시간을 보내기 위해 계속해서 시간을 되돌리지만, 결국 어느 시점에 달하자 시간 여행을 그만 멈춘다. 대신 하루를 정말 값지게 사용하고, 매 순간 최선을 다하며 긍정적인 마음으로 세상을 사는 것으로 영화는 끝을 맺는다.

이전 시대의 아빠들은 가정을 일으켜야 했고, 자녀의 성공을 위해 돈을 벌어야 했기에 지친 몸을 이끌고 집에 들어와 TV를 보며 하루의 위안을 받는 것이 전부였다. 자녀를 사랑하지 않는 아빠는 없었지만, 여유가 없었고 사랑을 표현하는 데는 서툴렀다.

하지만 세월이 흐르고 시대가 변하자 요즘 아빠들은 자신과 가족을 위한 충분한 시간을 확보할 수 있게 되었고 육아의 공동 분담에 대한 의식 변화도 생겼다. 다양한 매체를 통해 아빠의 육아가 아이들의 사회성과 정서적 발달에 좋다는 것도 상식처럼 알게 되었다. 인기 스타 아빠들이 등장하는 육아 프로그램은 인기를 끌고 있으며, 출판 시장에도 아빠를 위한 육아 지침서가 쏟아져 나오고 있다. 심지어 육아를 위해 휴직을 했다는 아빠도 등장했다.

아빠들의 화두가 '육아'라는 가정사로 옮겨간 요즘, 나 또한 '그럼, 어떻게 하는 것이 육아를 잘하는 것인가?'에 대한 의문을 가지고 곰곰이 생각하는 시간을 가졌다.

인지발달이론과 비고츠키 유아 교육이론을 공부했고, 육아의 혁명을 불러온 소아과 의사 벤저민 스포크의 저서와 육아 리얼 TV쇼에서 영국식 육아의 기적을 입증해내고 할리우드 셀럽들의 자녀를 도맡아 길러낸 프로 보모 에마 제너의 육아법을 탐독했다는 것은 거짓말이지만, 육아 관련 기사나 서적을 몇 권을 읽었다.

하지만, 실전에서 아이를 키운다는 것은 이론과 다르다. 마치 학교에서 경영을 전공하고 기업의 경영팀에 힘들게 입사했지만, 프레드릭 테일러의 과학적 관리나 마이클 포터의 경영이론을 적용해 보는 것이 아닌 엑셀 시트만 작업해야 하는 현실처럼 말이다.

현실 육아는 다르다. 결국, 치열한 실전을 통한 경험과 노하우의 축적이 더 나은 육아를 하게 한다. 두 아이를 키우며 좌충우돌 끝에 나는 이런 결론을 내렸다.

"좋은 육아란 그저 아이와 함께하고 있는 순간에 온전히 집중하는 것이다."

이 책은 '아이를 잘 키우는 10가지 방법' 또는 '내 아이 똑똑하게 키우기' 같은 대단한 육아의 비결이나 해결책을 내놓은 책은 아니다. 아이와 함께 긴 여행을 떠난 것도, 대단한 경험을 한 것도 아니다. 그저 회사에 다니는 아주 평범한 아빠가 자녀들과 함께 시간을 보내며 느낀 생각을 솔직하고 담백하게 써 내려간 책이다. 아이와 함께 놀이터에서 놀거나, 어린이 도서관에서 책을 읽거나, 학교에 손잡고 걸어가는 아주 사소한 일상에서 느낀 순간의 감정들을 정리한 것이다.

육아란 부모의 시간과 생명을 대신해 또 다른 생명을 키워내는 것이다. 아이와 함께한 순간순간이 소중한 시간이며 그 자체가 특별하고 의미 있는 경험이라는 것이다. 마치 영화 어바웃타임의 주인공이 찾은 행복의 비결이 소소한 일상에 충실함이었던 것처럼, 육아라는 것은 그런 일상의 시간이 모여 특별함으로 바뀌는 과정이다.

아빠의 육아란 결코 거창한 것이 아니다. 아이들과 함께할 수 있는 시간에 조금 더 관심을 두고 들여다보고, 말을 건네며, 아이와 함께 교감을 하는 순간이다. 그리고 이렇게 충실히 하루하루 살다 보면 어느덧 우리는 눈앞에 장성한 아이를 맞닥뜨리게 된다. 그 순간 우리가 느끼는 감정은 아이를 키워낸 아빠의 자부심이 아니라, 그동안 내가 받아온 아버지의 사랑에 대한 고마움의 감정일 것이다.

이 책은 한 시대를 살아가는 보통의 아빠로서, 그리고 한 아버지의 자식으로서 육아를 통해 성숙해 가며 행복을 위해 한 걸음 한 걸음 발을 내딛는 과정을 기록한 책이다. 이 책을 생업의 고단함과 지친 심신을 달래며 아이와 함께 시간을 보내기 위해 노력하는 이 시대의 모든 아빠에게 바친다.

2020년 4월

이 용 준

웃음이 절로 나는
아빠의 육아

이용준 지음

프롤로그 002

밥풀과 분홍이의 대모험

미용실 013 · 밥풀 017 · 분홍이 020 · 시력 024
발표회 028 · 소아과 033 · 아동복 037 · 여행과 육아 041
입학식 049 · 추억 053

딸과 아들 그리고 놀이터

놀이터 059 · 레고와 드로잉 064 · 딸과 아들 068
성향 072 · 안 돼 076 · 애완동물 079 · 장래 희망 083
동화책 읽기 087 · 한식과 육아 092 · 할아버지, 할머니 096

똥, 잠, 콜라

101 103 · Time과 Newsweek 107 · 똥 111 · 말장난 115
비슷하나 다른 것 119 · 어린이날 선물 123 · 잠 127
첫 번째가 주는 의미 131 · 콜라 134 · 키즈 카페 138

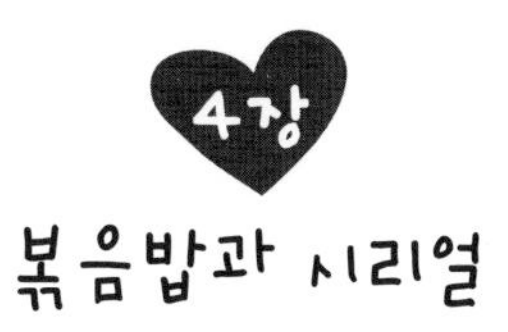

볶음밥과 시리얼

교육 145 · 닫힌 문 150 · 말주변 155 · 볶음밥 159
분류 163 · 샤워와 꽁꽁주 공주 167 · 수염 171 · 시리얼 176
장염 181 · 쥬꾸자바 좋좋좋 186

에필로그 192

1장

밥풀과 분홍이의 대모험

미용실

남성들에게는 블루클럽, 여성들에겐 준오헤어가 있듯이, 아이들을 위한 어린이 전용 미용실이 존재한다. 어린이 미용실은 머리 깎기 싫어하는 아이들의 특성을 파악하고 아이들이 좋아하는 다양한 요소를 곳곳에 배치해 '사실 이곳은 미용실이 아니라 놀이방이다'라는 인식을 아이들에게 심어주는 곳이다.

거울에는 뽀로로나 타요 같은 만화가 줄곧 나오고, 왼손에는 어린이 비타민(구연산과 포도당으로 만든 청량 과자 같은 맛이 난다), 오른손에는 뿅망치를 주며, 시설이 좋은 곳은 자동차 놀이기구 모양의 탑승 식 의자를 구비하고 있어 아이들에게 '나는 지금 놀이를 하는 중'이라는 뇌의 착각을 불러일으키게 한다.

이곳에 발을 내딛는 순간 머리를 자르기 싫다고 울부짖는 아이들은 잠잠해지며 스스로 미용사에게 제 머리를 내어주게 되는 마법의 장소인 것이다. 따라서 이런 어린이 미용실은 부모들에게 편리함을 제공하는 대가로 비싼 비용을 요구한다.

아이들은 머리 자르기를 싫어하는 경향이 있다. '아이들은 왜 머리 자르기를 싫어하는가?'라는 질문에 대해 답변을 하자면, 첫째, 바리깡에서 나오는 모터 소음과 기계음에 대한 거부감, 둘째, 자신의 신체 일부가 잘려 나가고 있다는 두려움, 셋째, 낯선 장소에서 낯선 사람의 등장에 따른 거부감 등이 있겠다. 이는 지그문트 프로이트의 정신분석이론에 근거한 아동발달심리와 에릭슨의 발달이론에 따른 연구 결과는 아니고, 어디까지나 내 추측이다.

만일 어린이들이 머리를 자르지 않는다면? 섭취한 단백질이 머리카락을 만드는 데 집중적으로 사용되어 성장에 악영향을 미칠 수도 있고, 두피가 머리의 무게를 이기지 못해 유아 견인성 탈모의 원인이 될 수도 있다. 사용되는 샴푸의 계면활성제 성분 함량 또한 자연히 늘어날 수밖에 없어 아이들에게 아토피나 피부질환을 유발하며, 어른이 돼서도 자연스럽게 머리를 자르지 않게 돼 내수 기반의 뷰티서비스 산업은 무너질 수밖에 없다.

따라서 이런 사태를 미연에 방지하고자 정부는 다양한 학습화의 과정을 거쳐 아이들이 머리를 자를 수 있도록 여러 장치를 마련하고 있다(물론 내 생각이다).

1948년 정부 수립 이후 교육부는 '바른 생활'이라는 교과 과정을 신설했는데, 이 과정에 철수와 영희 일러스트(철수는 상고머리로 불리는 일명 귀두 컷 - 윗머리를 남기고, 양옆과 뒷머리를 파버려 일정한 각을 만들어 버리는 남자아이 머리로 70년대의 투블럭 스타일, 영희는 짧은 앞머리에 귀를 보이며 뒤로 넘긴 단정한 단말 머리)를 삽입해 '어린이의 표준 기장이란 이런 것이다'라는 것을 선보인 바 있으며, 아이들 동화책 중에는 머리를 자르지 않아 엄마, 아빠와 헤어졌다가, 머리를 자르고 다시 행복을 되찾았다는 식의 동화도 존재한다(작가가 외국인인 걸 보니 아마 머리 자르기를 싫어하는 것은 세계적인 아이들의 공통적인 성향인 것 같다).

며칠 전 아내에게 막내의 머리가 제법 길어졌으니 미용실을 다녀오라는 지령을 받게 되었다. 어린이 미용실을 가자니 거리가 멀어 귀찮았다. 무엇보다 아이들의 머리란 '적당히 바가지를 대고 쓱쓱 잘라버리면 끝'이라는 인식이 있어 아무 데서나 자르자고 생각했다.

그 주 토요일 막내를 데리고 가장 가까운 동네 상가 미용실에 들어갔다. 아이 머리를 자른다고 하니 미용실 원장은 대뜸 "스포츠죠?"라고 물었다. 순간 원장의 표정에서 '네 살짜리가 머리에 특별한 취향 같은 것이 있을 리 없고, 아이 머리를 위한 미용 기술 또한 없으니 그냥 어셈블리 공정에서 찍어내는 공산품 같은 스포츠머리나 해라'라는 강한 의지를 읽을 수 있었다. 그리고는 바리깡에 3mm캡을 철컹 장착하더니 머리를 단숨에 밀어버렸다.

순식간에 삭발이 진행됐고, 아이는 울지 않았다. 떨어지는 머리카락을 보며 그저 자신의 죽은 세포의 일부라는 깨달음을 얻은 표정을 지을 뿐이었다. "8천 원이요." 미용실에 들어간 지 10분 후 단돈 8천 원을 내고 미용실을 나왔다. 어린이가 머리를 자르는 행위는 마치 제도권이라는 거대한 사회 시스템으로 들어가는 첫 관문이자 사회화되는 입문 과정과 같다. 이렇게 기성세대 기준의 단정한 머리를 하고 어린이집으로 돌아가는 것이다.

집에 돌아와서 나는 막내에게 거수경례 동작과 함께 '충성'을 가르쳤다. 아내는 이를 보더니 '니 하오마'를 따라 해보라고 시켰다. 막내는 곧 제 입으로 '나무아미타불', '짜이찌엔' 등 다양한 말을 하게 되었다. 아내는 삭발했다고 속상해하더니, 결국 삭발을 통해 화기애애해졌다. 가족애는 이렇게 싹이 튼다.

밥풀

밤 12:30, 다카하시 루미코 명작 만화 란마 1/2을 보고 있었다. 나는 문학 창작의 아이디어를 만화에서 얻는 편이라 만화를 읽을 때는 상당히 집중하는 편이다. 서사의 큰 흐름과 각 에피소드의 유기적인 전개 구조에 대한 분석, 등장인물의 갈등 관계, 작가가 깔아놓은 복선 장치, 이야기를 마무리하는 방식 등을 연구하기 때문이다.

혼자 키득거리며 한참 진지하게 만화책을 읽고 있는데 옆을 보니 자는 줄 알았던 막내가 내 옆에 앉아있었다. 때마침 만화의 스토리는 "알고 보니 아버지였다"라는 식의 흥미진진한 대목을 지나가고 있었기에 막내의 등장에 살짝 놀라긴 했으나 이

내 무시한 채 다시 만화에 빠져들기 시작했다. 만화의 페이지를 넘기려는데 갑자기 "툭툭" 조용한 어둠의 침묵을 깨는 미세한 소리가 들렸다. 고개를 돌려보니 막내가 제 옷에 묻은 밥풀을 뜯어 던지고 있었다.

막내가 밥을 먹을 때 밥풀을 묻히는 행위는 마치 중앙아프리카 피그미족이 사냥 시 치르는 독특한 의식과 같아서 한 숟가락 분량의 밥풀을 옷에 묻혀야만 온전한 식사가 마무리됐음을 알리게 된다. 나는 보통 밥풀을 재빨리 닦아내지만, 미처 닦이지 못해 시간이 흘러버린 밥풀들은 응고된 주상절리처럼 단단하게 옷에 붙어버린다.

난 기본적으로 그다지 꼼꼼한 성격이 못되므로 식사 후 옷에 묻은 밥풀은 눈에 보이는 부분만 아주 적당히 뜯어 준다(따라서 티셔츠 안쪽 내복에 멸치 3마리와 두 숟가락 분량의 밥이 함께 굳어 있는 상황을 종종 목격한다).

한밤중에 네 살짜리 꼬맹이가 바닥에 쭈그리고 앉아 밥풀을 뜯는 모습을 보니 마치 이를 잡는 원숭이 같은 재미있는 모양새가 연출되어 한동안 바라보고 있었다. 혼자 앉아 묵묵히 밥풀을 뜯어 바닥에 던지고, 다시 다음 밥풀을 찾기 위해 내복을 어루만진다.

그러다 문뜩 '밥풀을 뜯을 때, 마치 상처 위에 앉힌 딱지를 뜯을 때와 같은 쾌감을 느끼는 것이 아닌가?'라는 생각이 들었다. 밥풀을 뜯는 행위를 통해 뇌의 선조체와 중뇌의 보상시스템이 활발히 반응해 쾌감을 느끼는 것이다.

즉, 단단히 굳은 밥풀을 힘겹게 뜯고 난 뒤의 성취와 던짐이라는 보상이 더해져 쾌감을 느끼고 모든 밥풀이 없어질 때까지 이 행동을 무한 반복하는 것이다. 아마 막내는 이 행위를 통해 하루 동안 누나와 엄마에게 받은 스트레스를 밥풀과 함께 던져버리고 다시 어린이집에 나갈 힘을 얻을지도 모르겠다.

그런 의미에서 보면 삶은 밥풀을 닮았다. 미생물 배양의 실패로 발견된 페니실린은 인류를 전염병에서 구원했고, 실수로 베이킹파우더를 넣지 않아 브라우니가 탄생했듯이 실수로 밥풀을 남기지만 그 밥풀을 통해 살아갈 용기를 얻는다.

몇 분이 지나니 더는 "툭툭" 소리가 들리지 않는다. 밥풀을 다 뜯은 모양이다. 막내는 그렇게 밥풀을 모두 뜯고 뒤돌아보지도 않은 채 방으로 들어갔다. 나도 묵묵히 만화책의 페이지를 넘겼다.

분홍이

‘리락쿠마’라고 아시는지? 리락쿠마는 일본에서 만들어진 곰돌이 캐릭터다. 봉제 인형은 일반 곰돌이보다 팔다리가 길고, 개인지 고양이인지 분간하기 힘들 정도로 단순하고 둥글둥글한 얼굴을 가지고 있다(문자로 표현하자면 (·ㅅ·) 이렇게 생겼다).

일본에서는 리락쿠마의 인기가 상당해서 관련 캐릭터 서적이 출판되자 100만 부가 팔리며 베스트셀러에 등극한 적도 있다(참고로 걸그룹 러블리즈의 케이의 취미가 리락쿠마 수집이라고 한다).

리락쿠마에 대해 언급하는 이유는 내가 딸아이(이름이 채린이다)가 태어나고 사준 첫 번째 크리스마스 선물이 바로 ‘리락쿠마' 인형이기 때문이다. 당시 회사 퇴근 후 느지막한 시간에 크리스마스 선물을 고르려고 동네 할인점에 들어갔는데 분홍색 망토를 뒤집어쓰고 있는 리락쿠마 인형이 눈에 띄어(그리고 할인 중이라) 사서 온 것이다.

1살 아이가 리락쿠마를 발음하기에는 어려우리라 판단한 나는 '분홍이'로 적당히 이름을 붙인 후 채린이에게 건넸다. 그 당시 채린이가 분홍이에게 큰 관심을 보이지 않았기에 가끔 내가 TV를 보거나 낮잠을 잘 때 베게 용도로만 이용하곤 했다. 시간이 흘러 채린이는 7살이 되었고 분홍이는 그렇게 잊혔다.

7살의 크리스마스 때 채린이는 고모에게 '다람이'라는 이름의 다람쥐 장난감을 선물로 받게 됐다. 한참을 "다람이, 다람이"하고 놀고 있길래, 갑자기 분홍이가 연상되어 입에서 이런 말이 튀어나왔다.

"너, 분홍이 기억나니?"
"응, 기억나, 근데 없어졌어."

나는 이 말을 듣자 대뇌의 신경세포 시냅스가 급격히 연결되기 시작하더니 온몸의 세포가 잊혔던 분홍이에 대한 기억을 소환해 내고 말았다. 기억 속의 나는 칠흑같이 어두운 창고에서 홀로 분홍이를 종량제 쓰레기봉투에 꾸깃꾸깃 담고 있었다. 4년 전 미니멀리스트를 접한 나는 집안의 많은 물건을 처분했는데, 이때 분홍이는 사용하지 않는 장난감이라는 명목으로 처분당하고 만 것이다. 나는 분홍이를 버렸다는 죄책감이 들면서 이를 만회해야겠다고 생각했는지 갑자기 엉뚱한 스토리텔링을 하기 시작했다.

"옛날에 채린이가 태어나고 친구 없이 혼자 놀고 있는 모습을 본 산타할아버지는 애석한 마음이 들어 분홍이를 친구로 주었어. 채린이와 분홍이는 둘도 없는 친구였단다. 소꿉장난할 때나, 밥을 먹을 때나, 잠을 잘 때나 언제나 함께였지. 둘은 시리얼을 먹으며 우리의 우정은 영원히 변치 말자고 약속했어. 그런데 시간이 지나자 채린이는 더욱 좋은 장난감들이 많이 생겼단다. 공주 인형이 생기고, 레고 블록이 생기고, 플라워링하트 장난감과 페어리루 마법의 거울도 생겼지. 그러다 보니 어느새 분홍이와는 멀어지게 된 거야. 분홍이는 마음이 아팠지만, 채린이가 새로운 장난감을 보고 기뻐하는 모습을 보기만 해도 행복했어. 그저 멀리서 이를 지켜만 보고 있었지. 그리곤 멀리 가버린 거야. 산타 나라로 말이지."

이 말을 마치자마자 채린이가 울기 시작했다. “아니야, 내가 찾았는데…. 찾았는데 보이지 않았다고! 보이지 않았어! 엉엉.” 예상 밖의 전개였다. 나는 이 상황을 모면하려고 “잠깐! 하지만, 이제 분홍이는 다시 돌아올 준비를 하고 있단다”라고 말을 하면서 휴대폰으로 망토를 뒤집어쓴 리락쿠마 인형을 재빠르게 검색했다. 하지만 끝내, “이 상품은 이미 품절된 상품입니다”라는 안내만 확인할 수 있었다. 그리고 급히 이야기를 마무리했다

“언젠가는 말이지….”

시력

1980년대 말은 출판사들이 어린이 학습지 시장에 뛰어들기만 하면 성공하던, 말 그대로 어린이 학습지의 춘추전국시대였다. 이는 80년대 초 신군부에 의해 과외가 법으로 금지되자 부모들은 저렴하고 스스로 학습이 가능한 가정배달용 학습지로 눈을 돌렸기 때문이다.

당시 웅진 아이큐, 머리표 아이템플이 양대 산맥을 이루고 있었고, '산수 특화'라는 틈새를 노린 구몬 수학과 공문 수학이 한참 주가를 올리고 있던 시절이었다. 나 또한 나름대로 공부 좀 신경 쓴다는 부모님 덕분에 초등학교 3학년부터 아이템플을 시작했는데, 학습지에 너무 몰입한 나머지 시력이 0.3으로 떨어지는 비운은 겪게 되었다.

학습지를 조금이라도 경험한 사람이면 이해하겠지만, 학습지라는 것이 아이들의 입장에서는 도통 흥미를 느낄 수 있는 것이 아니다. 당시 어머니는 하루의 적정 분량을 마칠 때까지 놀이 시간을 허용하지 않았는데, 학습지에서 끝없이 쏟아지는 단순한 패턴의 문제들을 풀고 있으면 마치 온종일 생산라인에 투입되어 리벳으로 볼트를 조이는 단순 노동자가 된 느낌을 받게 된다.

어느 날 어김없이 아이템플 숙제를 하고 있었는데, 문뜩 '뭐야, 이거 뒤에 해답이 있잖아!'라는 깨달음을 얻게 되었다. 용타 스님이 한 인터뷰에서 "뭐, 깨달음이 별거 아니에요. 찰나의 순간에 일어나는 생각의 변화죠"라고 말한 적이 있는데, 조금만 다르게 바라보면 삶의 문제는 의외로 단순하게 풀린다는 생각이 들었다.

나는 마치 영원히 끝날 것 같지 않던 일제 강점기를 버텨내고 마침내 조국의 해방을 맞이하는 열사가 해방 선언문을 작성하는 마음으로 해답을 베끼기 시작했다. 내가 해답의 존재를 알아낸 시간은 해가 뉘엿뉘엿 지평선으로 치닫고 있던 초저녁이었으므로, 이 작업을 진행하는 동안에는 미세한 햇빛만이 간신히 방을 밝히고 있었다. 당시 나는 매우 훌륭히 숙제를 마치고 당당하게 어린이 만화를 시청하는 데 성공했고, 아이템플은 더는 두려움의 존재가 아니었다.

이때를 기점으로 본격적인 해답 베끼기에 돌입했는데, 이는 6시에 방영되던 어린이 만화를 제시간에 보기 위함이었다. 어머니가 저녁 식사를 만드느라 정신이 없을 때를 틈타 어두운 방에서 해답을 베끼기 시작한 것이다. 어두침침한 골방에서 마치 혼과 영을 펜대 심지에 집중해서 한 자 한 자 경건하게 고대 성서를 필사하던 탈무디스트의 마음으로 '정답 필사'를(일명 커닝) 진행했다. 이 작업은 어머니한테 들킬 때까지 약 한 달간 지속하였는데, 어느 날 학교에 가보니 칠판 글씨가 잘 보이지 않았다. 그리고 그 후로부터 나는 15년간 안경을 끼게 되었다.

어제 대학병원에서 채린이(8세, 서울 거주)의 안과 검진이 있었다. "한쪽은 0.4, 반대쪽은 0.5, 바로 안경 껴야겠네요." 의사는 바로 안경을 착용해야 한다고 진단했다. 아내는 이 말을 듣고 억장이 무너지듯 속상해했다. 안경을 낀다는 것 자체가 마치 슈퍼맨으로 변신하기 전의 클락 켄트와 같은 찌질한 이미지의 클리셰 느낌을 주기 때문인데, 나 또한 목욕탕에서의 렌즈의 김 서림 문제, 도수 없는 선글라스를 낄 수 없음 등의 다양한 불편함을 겪어 왔기에 안경에 대한 거부감을 느끼고 있다.

따라서 비싸더라도 '드림 렌즈'(초등학생 고학년이 선호하는 시력 교정용 렌즈로, 잘 때 끼고 자면 다음 날 정상적인 시력으로 활동이 가능한 꿈의 렌즈)를 사용하자는 쪽으로 아내와 의견이 모였다.

바로 가까운 전문 병원에 전화해서 예약을 잡으려고 하는데, 옆에서 이 소리를 듣고 있던 채린이가 말했다. “동네 병원보다 대학교 병원 선생님이 더 높으니까, 대학교 병원 선생님 말씀 들어야 하는 거 아니야? 선생님이 안경 쓰라고 했는데?” 나는 이 말을 듣자마자 속으로 ‘아뿔싸! 설마, 안경을 쓰기 위한 작전이었나?’라는 생각이 번쩍 들었다.

순간 머릿속에는 채린이가 혼이 나면서도 어두운 곳에서 책을 읽던 장면, 종이를 오려 만든 안경을 쓰고 돌아다니며 “나 어때? 이뻐?”라는 말하던 장면 등이 주마등처럼 스쳐 지나갔다.

결국, 본인의 의지에 따라 안경을 맞췄다. 수심이 가득한 아내의 얼굴과는 상반되게 채린이는 웃고 있었다. 의도가 어찌 됐건, 우리는 다양한 이유로 눈이 나빠지고, 나빠진 눈은 돌이킬 수 없게 된다. 효경에 부모에게 받은 신체와 터럭과 살갗을 상하게 하지 않는 것이 효의 시작이라 했다. 부모가 되어보니 부모의 마음이 이해되고 선인들의 말씀이 귀에 들어온다.

발표회

미국에는 그래미 어워드가 있고, 한국에는 SBS 가요 대전이 있다면, 유치원에는 음악 발표회가 있다. 이는 마치 우드스톡이나 글래스턴베리 페스티벌을 연상케 하는 유치원 최대 규모의 행사로, 1년에 단 한 번 할머니, 할아버지, 삼촌, 고모, 이모 등 중요 내빈들을 초청해 외부 공연장에서 성대하게 진행된다.

유치원에서는 유독 이 행사에 집착하는 경향이 있는데 유치원 교사인 아내의 말에 따르면 빠르면 3개월 전부터 음악 선곡, 안무 등 행사를 위한 사전 작업이 이루어진다고 한다. 이것이 중요한 이유는 유치원에서 통 무엇을 하는지 모르는 대부분 학부모와 그의 지인들에게 짧은 시간 동안 유치원이 평가받는 자리기 때문이다.

따라서 교과 커리큘럼이 어찌 됐건 간에 아이들 공연의 수준에 따라 "허, 그 유치원 참 잘하네"라던가, "이 유치원, 뭔가 허술하구먼…." 등의 평가를 받게 되는 것이다. 따라서 1시간 30분이라는 짧은 시간에 모든 것을 보여줘야 하는 유치원 입장에서는 굉장히 신경 쓸 것이 많은 행사이다.

행사에서 가장 중요한 것은 사회자의 역량이다. 아무리 허접한 콘텐츠로 구성된 행사라 하더라도 청중과 호흡하며 시기적절할 때 치고 빠지기를 잘하는 사회자는 죽어가는 콘텐츠도 심폐소생 시킬 수 있다(이것은 내가 실제로 수년간 회사의 크고 작은 행사의 담당자로 겪어본 경험담이다).

따라서 유치원으로서도 어설픈 부장 교사나 원감이 진행하기보다는 제대로 된 사회자를 섭외하는 것을 선호한다. 내가 관찰한 결과 유치원 음악 발표회의 사회는 그다지 높은 수준의 진행 스킬을 요구하지 않는다. 아무래도 어르신들이 많이 모인 자리다 보니 적당한 농담만 던져도 금세 화기애애해지기 때문이다.

예를 들면 사회자는 매년 "거북이를 5번 천천히 말해보세요", "세종대왕이 만든 것은?"이라고 물어보는데 매년 자신 있게 손들고 "거북선!"을 큰소리로 외치며 좋아하는 사람들이 있기 때문이다.

개인적으로 유치원 음악 발표회의 사회자에게 상당히 불만을 느끼고 있는데 작년 발표회 때 상품에 눈이 먼 아내 등쌀에 떠밀려 무대에 올라간 경험 때문이다. 당시 선물을 받으러 무대에 올라갔다가 사회자에게 싸이의 강남스타일 음원에 마쳐 말춤 추기를 강요당했다.

울며 겨자 먹기로 나와 같은 아빠 5명이 단체로 말춤을 출 수밖에 없었는데 록스타가 꿈이었던 내가 테크노 음악에 맞춰 어르신들과 학부모 앞에서 손을 흔들 수밖에 없었던 그 당시 기억은 대한제국이 일제에 의해 통치권을 잃어버린 경술국치와 맞먹는 수준의 치욕으로 남아 있기 때문이다.

이번 발표회에서도 사회자는 능숙한 말 놀림으로 대중을 쥐락펴락하면서 퀴즈를 맞히기를 은근 중에 강요했지만, 난 묵묵히 팔짱을 낀 채 이를 지켜보기만 했다. 옆에서 장모님이 "이 서방! 문제 좀 맞혀봐!"라며 부추겼다. 하지만 작년 '발표회 치욕 사건'이 떠올라 조국을 위해 뜻을 굽히지 않았던 열사의 마음으로 침묵을 지켰다.

그런데 이번엔 뭔가 달랐다는 느낌이 들었다. 사회자는 아주 정직하게도 정답을 맞힌 사람에게 아무것도 시키지 않은 채 선물만 증정하면서 계속 공연을 이어간 것이다. 이상하게도 단 2개의 공연만을 앞둔, 발표회의 후반부로 치닫고 있는 와중에도 사회자는 청중들에게 아무것도 시키지 않았다.

나는 속으로 '뭐야? 이번에는 아무것도 시키지 않는 거였어? 열심히 손들 걸 그랬나?'라고 생각하고 있었는데, 어느 순간 사회자는 정답을 맞힌 5명을 무대로 불러올리고 있었다. '앗! 5명….' 불길한 느낌이 들었다.

갑자기 무대가 어두워지더니 안드레아 보첼리의 Mai Piu Cosi Lontano가 흐르기 시작했다(참고로 이 곡은 SBS '결혼할까요?' 테마곡으로 헤어진 연인이 재회하고 집 나간 며느리도 돌아오게 한다는 마성의 BGM이다). 사회자는 멋모르고 무대에 올라온 아빠들에게 영상 편지를 하라고 시켰다. 당황한 첫 번째 아빠는 아내에게 독백하며 눈물을 흘렸고, 둘째 아빠는 처남의 생일에 대해 언급했다.

사회자는 셋째 아빠에게는 막내 아들에게, 넷째 아빠는 장모에게 영상 편지를 말하라고 했는데, 마지막 아빠에게는 예상 밖으로 자기 자신에게 영상 편지를 쓰게 했다. 당시 마지막 아빠는 혼자 중얼거리며 자신의 순서를 위해 연습을 하고 있었는데, 자기 자신에게 말을 하라고 하자 놀라는 표정을 지으며 횡설수설하다가 무대에서 내려왔다.

'내 이럴 줄 알았다….' 나는 속으로 작은 승리를 자축하며 가벼운 발걸음으로 공연장을 빠져나왔다.

PS. 5살 푸른 강 반이 선보인 보케리니 미뉴에트의 실로폰 연주를 낭만주의적 해석과 유동적인 템포로 재해석해낸 담임선생님의 지휘는 베를린 필하모닉 오케스트라를 지휘하는 마에스트로를 연상케 할 정도로 훌륭했다.

소아과

나는 개인적으로 소아과를 좋아하지 않는다. 어렸을 적 기억 때문인데, 다른 아이들에게도 마찬가지였겠지만, 단순히 주사 맞는 것이 너무 두려웠다. 내가 유년 시절을 보낸 80년대는 '뭐, 애들 열난다고? 그럼 빨가벗기고 베란다에 넣어둬' 식의 민간요법이 제법 성행하고 있던 시절이었으므로 '상처에는 호랑이 연고', '콧물에는 주사'라는 공식 같은 것이 존재했다. 따라서 아이들에게 있어 병원이란 '무서운 곳'이라는 인식이 강했고, 어머니들은 "너 말 안 들으면 병원 가서 주사 맞는다"라는 훈육도 가능했다.

내가 6살 당시 소아과에 갔을 때 주삿바늘을 보면 작정하고 울어 버려야겠다고 마음먹은 적이 있다. 진료는 예상대로 흘러가 "허 이놈, 주사 한 대 맞자"라는 식이 되어버렸는데, 이 말을 듣자마자 나는 '옳다구나!'하고 10분간 소리 지르며 팔다리를 흔들어 댔다.

결국, 달려온 2명의 간호사에게 사지를 붙잡힌 채 엉덩이에 주삿바늘을 꼽히고 말았지만, 의사에게 '쉽게 엉덩이를 내주지 않겠다'라는 강한 의지를 보여주며 대기하고 있던 다른 아이들에게 동경의 시선을 한 몸에 받게 되었다.

세월이 흘러 아이들이 생기고, 내 의지와는 상관없이 소아과를 찾는 일이 잦아졌다. 주로 아이들이 콧물을 질질 흘리고 코막힘 증상이 있기 때문인데, 보통 첫째 아이가 감기에 걸리면, 다음 주에는 둘째가 걸려오는 식으로 반복되어 거의 일 년에 한 분기 정도는 병원 신세를 지게 된다.

따라서 겨울철이나 환절기가 되면 의례적으로 매주 토요일 오전 소아과에 가는 것이 하나의 일과처럼 되어버렸는데, 재미있는 것은 아이들이 병원에 가는 것을 좋아한다는 것이다.

단순히 어린이 비타민을 공짜로 손에 얻고, TV 만화를 볼 수 있기 때문이다. 무엇보다 이제 소아과에서는 예방 접종이 아닌 이상 주사를 맞히지 않는다. 의료 기술의 발달로 약물 하나면 만사 오케이가 되어버려 아이들이 주사를 접할 기회가 없어진 것이다.

다년간에 걸친 내 경험에 의하면, 감기에 의해 처방되는 것은 빨간 약물, 좀 더 심한 감기에는 흰 약물(항생제) 그리고 상황에 따라 조금씩 들어가는 가루약 조금이 전부다.

게다가 병원에 간다고 하면, 보통 아내의 요청에 의한 마트 심부름이 더해지기 때문에 아이들은 운이 좋으면 과자라든지, 스티커 같은 것들을 부상으로 받을 수도 있다. 따라서 이 모든 것들이 더해져 '병원은 좋은 곳'이라는 인식이 아이들에게 심어지는 것이다.

물론 병원 가기 싫다고 떼쓰는 것보다는 낫겠지만, 부모의 입장에서 환절기 같은 감기 성수기에 병원에 있는 것은 여간 곤욕이 아니다. 소아과에도 빈익빈, 부익부가 존재한다. '이 병원 약이 신통하더라'라는 소문이 지역 맘 카페(엄마들을 위한 지역별 온라인 커뮤니티)를 중심으로 돌기 시작하면, 예약 여부와는 상관없이 한 시간 이상을 대기하고 있어야 한다.

나 또한 항상 평균적인 것을 선호하는 아내의 의견에 따라 이 '신통한 소아과'에 가게 되는데, 앉을 자리가 없으니 적당히 구석에 서서 쭈뼛거리며 서성거려야 하고, 명단이 누락(종종 발생한다) 되지 않도록 주기적으로 접수 현황을 체크하면서 다른 아이들과 마찰이 없는지 수시로 파악도 해야 하니 여간 성가신 것이 아니다.

하지만, 시간이 흐르면 아이들은 아빠와 함께 소아과에 가던 일을 종종 추억할지 모르겠다. 한 손에는 어린이 비타민 그리고 다른 손에는 아빠의 손을 잡고 가던 기억을.

아동복

내가 우리 집에서 가장 불필요하게 많이 가지고 있다고 생각하는 건 동화책과 아이들 옷이다. 특히 아이들의 옷은 다양한 방식으로 끝없이 쌓이게 되기 때문에 적정한 관리를 해주지 않으면 마치 클라도스포리움 곰팡이가 온 집안의 벽면을 잠식하듯 발 디딜 틈도 없이 아이들 옷으로 뒤덮이게 된다.

첫째 아이 옷을 사면 둘째에게 물려줘야 하므로 고스란히 옷장에 보관해야 하고, 둘째도 어린이집에서 사회활동을 하고 있으므로 자기 나름의 옷이 필요하다.

아내는 조리원 동기 모임, 각종 동창 모임, 유치원 엄마들 모임에 나가면 물려준다는 옷들을 한 다발씩 들고 오기도 하는데,

어찌 된 영문인지 이런 옷들로 옷장이 넘쳐나도 철이 바뀔 때마다 "이번 여름에 입힐 옷이 없어서 말이야…."라며 한 달 식료품비 정도의 비용을 매 시즌 아이들 옷 구매에 사용한다.

미니멀리스트를 지향하는 나로서는 감당하기 힘들지만 어쩔 수 없이 아내의 의견을 존중해 줄 수밖에 없다(이전에 아이들 옷 구매에 반대했다가 '아이들 옷 한 벌 사준 적이 없는 무정한 아비'라는 소리를 들어야 했기에 옷을 사겠다고 하면 잠자코 지켜볼 수밖에 없는 것이다).

우리나라는 해방 이후 정부의 주도하에 "근검절약은 곧 애국"이라는 소비문화가 정착되어 비싼 물건을 사는 것에 대한 거부감을 가지고 있다. 물론 시대가 흐르고 생활 수준이 높아져 에르메스 기저귀 가방이나 루이뷔통 기저귀 가방을 들고 다니는 시대가 되었지만, 아이들의 옷만큼은 "아껴 쓰고 나누어 쓰고 바꿔쓰고 다시 쓰기 운동"의 정신을 이어받아 그 명맥을 유지하고 있는 것이다. 나는 이것을 '소비의 뉴트로(New+Retro) 트랜드'라고 부른다.

내 관찰에 의하면 엄마들 사이에서도 애들 옷을 물려 줄 때는 암묵적인 규칙 같은 것이 존재한다. 먼저, 물려 줘야 하는 옷은 거의 입지 못한 새 옷에 한(限)한다. 이는 계절이 끝나 가는 무렵에 싸게 장만했다가 아이들 키가 부쩍 커버려 다음 해 입힐 시기를 놓쳐 버린 경우다.

둘째는 고가의 명품 브랜드 옷들이다. 엄마들은 자신의 사회적 지위와 체면 때문에 고가의 브랜드 아동복만 선별하여 물려주는 경향이 있기 때문이다. 고가의 브랜드는 아껴 입히기 때문에 이 역시 새 옷들이 대부분이다.

이도 아니면, 나이키 키즈나 아디다스 같은 활동성이 좋고 인지도 좋은 스포츠 브랜드의 제품들이다. 이런 이유로 받는 입장에서도 제법 괜찮은 옷을 건질 수 있어서 아이들의 옷은 시간이 흐를수록 늘어날 수밖에 없다.

또한, 옷에 있어서는 아이들도 나름의 입장이 있다. 내가 아이를 키우면서 들어 왔던 가장 충격적이었던 말 중의 하나는 “이 옷 싫어!”이다. 이 말은 채린이가(첫째 아이) 네 살 때 의사 표현이 가능해지자 검정 면바지 입기를 거부하며 한 것이다.

애들 옷이란 마치 여행지에서 잠시 비를 피하려고 구매한 우비나 프린터의 잉크 카트리지처럼 적당한 시기에 맞게 걸치고 버리는 소모품 정도로 인식하고 있었기에(패션에 민감한 나 또한 네 살 때 옷을 투정한 적은 없었다) 자신의 패션 선호를 주장하자 당황하고 말았다.

아이들은 유치원에 들어가면 자신의 좋아하는 옷의 기호가 더욱 확실하게 되는 경향이 있다. 채린이가 5살 때는 핑크 색 옷만 입더니, 6살이 되니 "핑크는 이제 시시해"라며 보라색 옷만 고집했다. 클로드 모네는 "신성한 공기는 보라색이다. 앞으로 3년간은 보라색으로만 작업할 것이다"라며 보라색에 집착을 보였는데, 채린이 또한 3년이 지난 현재까지 보라색 옷만을 첨단 패션으로 인정하고 있다.

최근 채린이의 초등학교 입학이 있었다. "아이고, 채린이가 입학했으니 옷 한 벌이라도 해줘야겠다"라며 장모님은 풀 착장 2벌과 신발까지 세트로 어린이의 트랜드에 맞는 옷을 사서 오셨다. 이런저런 이유로 우리 집은 아동복이 넘쳐난다.

여행과 육아

인도 구르가온의 한 국도를 지나다가 소 한 마리가 도로 한 가운데 서서 차의 진입을 막고 있는 광경을 목격했다. 사람들은 이런 일이 마치 일상의 한 부분이라는 듯 아주 자연스럽고 능숙하게 소를 피해 제 갈 길을 가고 있었다.

곡예를 부리듯 지그재그로 질주하는 차들과 그 차들의 틈새로 비집고 들어오는 오토바이, 그리고 손님을 한가득 실어 기우뚱거리는 오토릭샤(삼륜 택시) 때문에 도로의 차선은 이미 제 기능을 잃은 지 오래고, 오직 앞으로 뻗어 가는 방향성만이 유일한 질서로 남아 있었다.

4차선의 중앙에는 젊은 청년들이 시끄럽게 떠들며 천천히

차를 피해 걷고 있었고, 사람의 손길이 닿지 않아 야생으로 남겨진 소와 개들은 무언가를 찾아 도로를 헤매고 있었다. 짐승과 사람과 차들이 함께 공존하는 놀라운 세계가 인도의 도로에서는 펼쳐지는 것이다.

더욱 감탄했던 것은 내가 인도에 체류하는 3주 동안에 단 한 번의 교통사고도 찾아볼 수 없었다는 것이다. 길을 잘못 들어 후진하는 차량과 역주행으로 달려오는 혼돈 속에도 나름의 질서와 규칙, 균형과 조화 같은 것이 존재하는 것이다.

해외 생활을 하면서 좋은 점은 이전에 전혀 상상할 수 없었던 이질적인 조합을 자연스럽게 수용하면서 얻게 되는 생각의 확장과 새로운 삶의 방식이 주는 자극이다. 그런 의미에서 육아는 여행을 닮았다. 낯선 존재가 불현듯 삶 속에 찾아와 이전에 상상할 수 없었던 전혀 다른 방식으로 삶을 접하게 되고 새로운 관점을 얻게 되는 것이다.

그리고 이러한 관점의 확장은 우리 삶에 더욱더 깊은 통찰과 이해를 제공한다. 지하철에 우는 아이를 달래는 엄마의 심정, 어린이날 값비싼 비디오 게임기의 상자를 매만지며 골똘히 생각에 잠긴 아버지의 마음, 피아노 학원과 발레 학원 사이에 갈등하는 학부모의 고뇌처럼 청년 시절에는 알 수 없었던 것들이 이해되고 삶이 작동하는 새로운 방식을 깨닫는다.

하지만 여행과 육아를 동시에 한다는 것은 또 다른 차원의 문제다. 이질적인 공간과 낯선 존재의 조우에 대해 굳이 표현하자면 영화 매트릭스의 카피를 빌려 “무엇을 상상하든 그 이상을 보게 될 것”이라고 말하고 싶다.

아직도 아이와 여행을 한 경험을 추억하면 대부분 소환되는 기억의 단편은 필리핀 보라카이의 기억이다. 이는 채린이(당시 3살)와 떠나는 첫 해외여행이기도 했고, 처음 접하는 방식의 여행이었기 때문이다.

(그럼 잠시 5년 전으로 돌아가서) 필리핀행 비행기가 이륙하자 채린이는 이내 울음을 터트렸다. 비행기 엔진의 굉음과 처음 겪는 이관 현상 때문일 것이다. 하지만 나는 두려움 없는 미소를 지었다. 처음 아이와 함께하는 해외여행이라 이미 위기관리 시나리오와 상황에 따른 액션 플랜을 충분히 작성해 놨기 때문이다.

나는 마치 작전에 투입된 네이비실이 일사천리로 M110 저격용 라이플을 조립해 단숨에 상대를 제압하듯 백팩에 들어 있는 태블릿 PC를 신속히 꺼내서 아이의 울음을 단숨에 잠재웠다. 여행 전날 용의주도하게 채린이가 좋아하는 뽀로로 1기에서 2기까지 총 100화가 넘는 에피소드를 다운받았고, 내친김에 로보카폴리와 꼬마버스 타요 극장판까지 넉넉한 콘텐츠를 준

비해뒀기 때문이다.

잠시 후 소등된 기내가 활짝 밝아지며 기내식이 배급되었다. 메뉴는 '쇠고기덮밥', 채린이는 쇠고기덮밥을 한입 입에 갖다 대더니 이내 "꾸에엑!!"하는 소리를 내며 혀로 밥을 밀어냈다. 그리고는 고개를 절레절레 지으며 앞 자석이 흔들릴 정도로 강하게 발버둥 치기 시작했다.

안전벨트를 한껏 졸라맨 체 소리 지르며 난동을 치고 있으니, 마치 알린 제레미아 덴튼의 지옥의 향연 When Hell Was in Session에 나오는 베트남전 포로가 당했다던 전기 고문 현장과 흡사한 상황이 연출됐다.

나는 재빨리 플랜B, 작전명 '검은 여명'을 시행했다. 나는 골든 타임 3분 안에 백팩을 열고 고소하고 짭조름한 광천김과 햇반을 꺼내 숙달된 장인의 솜씨로 김밥을 척 만들어 아이 입에 집어넣었다.

그랬더니 언제 그랬냐는 듯 이내 잠잠해졌다(참고로 나는 조미김 중에서 광천김을 으뜸으로 치는데, 마치 40년 된 베테랑 어부가 암초에 붙은 돌김을 썰물 때 긁어모아 작열하는 여름 태양 속에 바싹 건조해서 고소한 참기름을 알맞게 바르고 미네랄이 풍부한 소금으로 구워내는 맛이 나기 때문이다. 어디까지나 개인적인 취향이니 참고만 하시길).

어찌 됐건 4일과 같은 4시간이 힘겹게 지나자 비행기는 칼리보 국제공항에 도착했다. 시간은 저녁 10시경(지금부터 말하려는 칼리보 공항에서 보라카이로 가는 여정은 나에게 잊지 못할 강력한 경험을 선사했기 때문에 그 분위기와 느낌을 아주 정확하고 세세히 기억하고 있다).

보라카이가 섬이라는 것은 알았지만, 당연히 필리핀이 섬나라이기에 비행기에서 적당히 내리면 어딘가에 바로 호텔이 있을 것으로 생각했다. 공항에서 보라카이까지 가기 위해 또 다른 3시간이 걸리리라는 것을 전혀 상상하지 못했다. 현지에 와보니 순간 "예상하지 못할 것을 왜 예상하지 못했나?"라고 질책하던 이전 직장 상사의 말이 떠올랐다.

아무튼, 현지 가이드의 안내에 따라 70년대 승합차와 흡사한 버스에 몸을 구겨 싣고, 울퉁불퉁한 비포장도로를 2시간 이상 달렸다. 관광객들은 멍하니 초점 잃은 시선을 칠흑같이 어두운 창밖에 두며 정적에 휩싸였다.

가끔 덜컹거리는 차 속에서 "어이쿠, 어이쿠" 같은 감탄사만 내뱉을 뿐이었다. 어두운 겨울 새벽 인력 시장에서 일거리를 배정받아 공사장으로 이동하는 인부의 마음도 이와 같을 것이다. 차 안에서 이리저리 움직이는 가방을 힘겹게 붙잡으며 까띠끌란 선착장 입구에 도착했다. 그리고 배를 타기 위해 가로등 없는 어두운 거리를 다시 걸어가야 했다.

당시 나는 미군 앨리스 팩의 풀 군장에 가까운 무게의 백팩을 맨 상태에서 앞으로는 아기 띠(10kg짜리 아이 장착)를 하고 있었고 7kg에 육박하는 접이형 유모차를 마치 돌격대 소총인 마냥 어깨에 두르고 있었다. 한 손으로는 부상한 아군을 끌고 가듯 15kg의 캐리어를 끌고 갔다.

아무것도 보이지 않는 어둠 속을 앞 사람의 발걸음 소리만 따라 터벅터벅 걸어갔다. 배는 보이지 않았다. 다리에 힘이 풀려서 캐리어의 손잡이만 붙잡고 간신히 몸을 지탱했다. 현지 가이드는 마치 느긋하고 조용한 웨스트버지니아 시골의 한 카페에서 따뜻한 모닝커피를 즐기는 농부처럼 평화로운 얼굴을 하고 있었다.

한참이 지나자 어두운 해변에 한 줄기의 빛이 비치더니 나룻배 같은 배 한 척이 들어왔다. 선장이 올라타라는 신호를 보내자마자 관광객들은 마치 한국전쟁 시 피난민들이 미군 화물선 메러디스 빅토리호에 몸을 던지듯 달려들며 자리를 차지하고 앉았다.

무거운 캐리어 덕분에 뒤늦게 올라탄 나는 자리에 앉지 못했다. 적당히 배 안의 구조물에 몸을 기대며 겨우 몸을 버티고 있을 뿐이었다. 강한 새벽 물살은 머릿속의 달팽이관을 집중적으로 구타했고 나는 정신을 잃지 않으려고 어렸을 적 행복한 추억을 떠올렸다.

보라카이 깔반 선착장에 도착하자 새벽 4시에 가까운 시간이었다. 드라마 미생의 대사를 빌려 나는 이 당시의 상황을 이렇게 말하고 싶었다. “비행기 안이 전쟁터라면 밖은 지옥이다.”

다음날, 비치보이스의 California Girls가 들리는 짙푸른 바다의 해변에서 트로피컬 칵테일 블루 하와이를 즐기며 기분을 만끽할 것이라는 기대와 다르게, 한국 휴가 시즌의 극성수기 8월 첫째 주의 보라카이는 정확하고 완벽한 우기를 맞이하고 있었고, 우리는 보라카이 화이트 비치에 밀려오는 파도 보다 천둥·번개를 동반한 스콜(국지성 호우)에 몸을 더 많이 적셔야 했다. 그렇다고 아이와 함께하는 가족여행에 대한 불만을 토로하는 것은 아니다. 아이와 함께하는 아름다운 추억과 나름의 낭만이 있다. 다만, 여행을 대하는 방식이 조금 달라질 뿐.

북대서양의 광활함이 끝없이 펼쳐지는 케이프 브레턴 섬의 절경을 만끽하며 캐나다의 캐봇 트레일을 달리고 있을 때 차 안의 스테레오 스피커에는 뽀로로 2기 오프닝 타이틀이 들려오고, 힘겹게 유모차를 이끌고 홍콩 소호 거리의 언덕을 오른 후 미슐랭 사천요릿집 칠리파가라에서 전저비프와 그린빈 볶음을 시키려는 순간 갑작스러운 아이의 울음소리에 전 세계 젊

은이들이 시선을 한 번에 사로잡으며, 만년설이 한껏 쌓인 융프라우를 감싸 돌며 뮈렌으로 오르는 스위스 산악열차에서 마지막 한 장 남은 기저귀를 맞닥트리게 되는 것, 뭐 이 정도 차이라고나 할까.

입학식

닐 암스트롱은 달에 착륙한 후 첫걸음을 내디디며 “한 인간에게는 작은 발걸음이지만, 인류에게는 위대한 도약이다”라는 말을 남겼다.

첫 아이가 초등학교에 입학했다. 인생에서 처음으로 국가가 인정하는 의무 교육 기관에 첫발을 내디딘 것이다. 아이에게는 교실에 내민 첫 발걸음이지만, 삶 전체의 영역으로 확장하면 인생을 송두리째 바꿔 버릴 수 있는 새로운 전기를 마련한 셈이다.

어떻게 보면 아이보다 이 순간이 더욱 의미 있게 다가오는 것은 단연 부모일 것이다. 마치 닐 암스트롱이 목숨을 건 초음속

비행 연습과 연습 기체의 폭발과 크고 작은 불시착의 역경을 이겨내고 아폴로 11호의 탑승을 이뤄낸 것처럼, 수많은 사건, 사고와 모든 육아 스트레스를 이겨내고 초등학교라는 거대한 교육 기관에 탑승시켜 놓은 것은 부모이기 때문이다.

아이가 좋아하는 연보라 톤의 꽃다발을 준비했다. 연보라 리시안서스, 스카비오사, 은엽아카시아로 청초한 느낌을 낸 사랑스러운 라벤더 꽃다발이다(사실 유치원 졸업식 때 사용한 것을 남겨 놓았다가 재사용했다).

초등학교 졸업 이후 몇십 년 만에 처음 들어서니 감회가 새로웠다. 재밌게도 이 초등학교는 나의 모교이기도 한데, 당시 신축 학교였던 것이 지금은 지역에서 꽤 잘 알려진 유명 국립교로 자리매김하여 이 학교에 가기 위해 근처로 이사를 한다는 이야기도 들었다.

국민의례를 시작으로 초등학교 입학식이 시작되었다. 역시 국가가 인정한 교육 기관의 행사답게 국기에 대한 맹세와 애국가 4절까지 제창으로 국가에 대한 모든 예를 표했다.

이어 다음 순서는 학교 선배(나이 지긋이 드신 동문 선배가 아니라 초등학교 고학년으로 구성된 기악팀)들이 펼치는 축하 공연과 영상 편지가 나왔다. 처음 "자, 다음은 국민의례가 있겠습니다"라는 말을 들음과 동시에 '세월이 흘러도 변하지 않는 것이 있다면 학교의 공식 행사 식순이겠다'라는 생각을 했는데, 뜻밖의 영상 편지라는 트렌디한 장치를 끼워 넣는 발상에 "오라, 이거 상당한데!"라는 감탄이 입 밖으로 나왔다.

십수 년간 바뀌지 않았던 국립학교 입학식 식순에 용감하고 교육 정신이 투철한 한 교사가 월요일 아침 교사회의 때 "이번 입학식에는 특별히 선배 아이들의 영상 편지하나 넣는 것은 어떨까요?"라는 용감한 제안을 했을 것이고, "음, 괜찮은 아이디어이긴 한데, 다른 학교에서도 이런 걸 하나? 좀 더 생각해보세"라고 말한 교장 선생님이 집에 돌아가 아내에게 이 얘기를 꺼내 놓자 "아이, 요즘은 다 그런 거 해요. 꼰대처럼 왜 그래요?"라는 아내의 반응에 1주일을 더 고민해 보다가, "저기, 김 선생, 그 영상 있잖아, 그거 한번 진행해봅시다. 잘들 준비해 보세요"라는 결정을 내렸을지 모른다.

'음, 다음 식순은 뭐지?' 하며 순서지를 열심히 보고 있는데 갑자기 "여러분, 사랑해요!"라는 큰소리가 쩌렁쩌렁 울리더니 교장 선생님이 앞에 나와 하트 뿅뿅 리액션을 선보이며 웃고 있었다. 어설퍼 보이지만, 아이돌 그룹의 인터뷰 인트로를 연상케 하는 멋진 하트 뿅뿅 동작을 자연스럽게 소화해 낼 정도면 보통 연습량이 아니었으리라.

나는 순간 '어, 이 교장 대단한데?'라는 생각을 했다. 수많은 학부모와 아이들, 선생님들 앞에 교장의 권위를 내려놓고 아이들의 눈높이로 자신을 낮춰 자신이 내보일 수 있는 최대한의 환대를 표현한 것이라는 생각이 들었기 때문이다.

감색 정장에 붉은 넥타이를 매고 나타난 교장은 교육계에서 산전수전 다 겪은 백전노장답게 아이들을 반갑게 맞아주는 한편 아이들 못지않게 긴장한 학부모들을 안심시키는 노련함을 보이며 현장을 쥐락펴락하고 있었다. 내가 감탄하는 동안 배움의 즐거움과 행복한 어린이에 대한 일정의 연설이 일사천리로 지나갔다. 교장 선생님은 앞서 선보인 동작과 함께 “여러분 환영합니다. 사랑해요!”를 다시 한번 크게 외쳤다.

이제 하트 뿅뿅과 함께 아이를 매단 우주발사체는 궤도 정상으로 쏘아 올려졌다. 새로운 출발이다. 이제 대부분의 시간을 부모 대신 학교에서 친구들과 어울려야 하는 아이들이 교장 선생님이 보여준 것처럼 학교의 사랑을 듬뿍 받기를 바랄 뿐이다.

PS. ‘입학식에는 역시 자장면이지….’ 하며 점심으로 중국집을 고집했지만, 아재 소리를 들으며 이탈리안 파스타를 먹었다.

추억

아이들의 기억력은 굉장히 뛰어난 것 같으면서도 한편으로는 너무나도 쉽게 잊는 경향이 있다. 예를 들면, 자신이 세 살 때 먹은 망고주스가 정말 맛있었다는 구체적인 기억은 있지만, 어디서 먹었는지, 언제 먹었는지는 기억하지 못하는 것이다.

실제로 미국의 한 심리 과학 저널에서 아이들에게 '어떤 일이 일어났는가?'의 기억의 수준을 넘어 '언제, 어디서' 일어났는가를 기억하는 특정 기억들은 7세 이후에도 계속 발달이 진행된다고 밝힌 바 있다. 즉, 아이들은 간단한 사건의 팩트는 기억하지만, 실제로 사건이 발생한 장소와 앞뒤의 정황을 기억하기는 쉽지 않다는 것이다. 따라서 아이들이 어렸을 때 수 많은 여행지를 다녀도 기억하는 것은 그저 물놀이를 했던 기억, 아이스크림을 먹었던 기억만 남게 되는 것이다.

이것은 어렸을 적 여행을 통해 다양한 경험을 쌓고 가족 간의 우애를 추억으로 남기기 원하는 부모의 입장에서는 상당히 억울한 일이다. 따스한 봄 햇살에 반사되는 에메랄드 빛깔의 와이키키 해변을 다녀오든, 우거진 산림의 상쾌함이 느껴지는 프랑스 남부 피레네 산맥의 발 데 누리아 계곡을 다녀오든, 겹겹이 쌓인 구름 사이에 나지막한 석양이 산란하여 만드는 보랏빛 하늘의 코타키나발루를 다녀오든 아이들이 기억하는 것은 오직 '물놀이를 했다'라는 기억밖에 남지 않기 때문이다.

나 또한 어렸을 적 가족과 함께했던 순간들은 단편의 기억으로만 존재해 그저 그 시절에 느꼈던 분위기의 정취나 어렴풋이 남아 있는 이미지만 떠오르기 때문에 아이들의 기억을 최대한의 추억으로 저장시키기 위해 노력이 필요하다고 생각한다.

이를 위한 방법으로 '추억 각인화'라는 것이 있다. 이는 고대 로마에서 전승되던 기억술로 공화정 초기 원로들이 라틴어, 그리스어, 문학, 수사학을 효율적으로 학습하기 위해 계발된 것으로 오직 선택된 자에게만 일자상전(一子相傳) 되는 비기로 알려진 방법이나, 독자들의 행복한 가정생활을 위해 특별히 이 책을 빌려 공개한다. 사실 이건 거짓말이고, 단순히 내가 아이들의 기억을 돕기 위해 고안한 방법이다. 일명 '123 영상 기억법'으로 칭하겠다.

먼저 2박 3일 즐거운 가족여행을 갔다고 가정하자. 여러분들은 여러 명소에서 가족과 다양한 사진과 영상을 찍을 것이다. 첫 단계는 하루가 다 가기 전(잠들기 전이 가장 좋다), 찍은 영상을 아이들에게 보여주며 이렇게 설명을 해주는 것이다. "여기 우리 점심 식사한 장소인데 기억나? 진짜 맛있었지? 여기 오후에 방문한 곳이네, 정말 즐거웠지?" 즉, 사진과 영상을 통해 기억을 강화하는 것이다.

중요한 것은 "재미있었지?"라는 식의 긍정적인 표현을 통해 즐거운 기억을 형성시키는 것이다(긍정적 세뇌). 두 번째 단계는 여행을 마친 후 이틀 내 다시 저장된 사진을 아이들에게 보여주며 기억을 되뇌어 보게 하는 것이다(기억력 강화). 마지막으로 여행 후 3주가 지났을 때 다시 아이들에게 사진을 보여주며 "우리가 비행기 타고 필리핀 갔을 때 정말 즐거웠지?"라고 하며 최종 세뇌 작업, 아니 기억력 강화 작업에 들어간다(추억 저장).

이 과정을 거치면 아이들은 ‘음, 네 살 때 비행기를 타고 간 필리핀 여행이 정말 즐거웠지. 내가 먹은 망고주스의 기억은 정말 잊을 수 없어’라는 반응을 하게 되는 것이다.

아무쪼록 가족과 여행을 많이 다니고, 즐거운 추억을 많이 쌓아 인생의 행복을 찾기 바란다.

2장

딸과 아들 그리고 놀이터

놀이터

부모 대부분이 비슷하겠지만, 아이들과 놀이터를 가는 것은 굉장히 평범하면서도 일상적이고, 정기적인 야외 활동이다. 영유아의 자녀를 둔 부모들은 아이들과 함께 놀이터에 따라가서 애들을 본다.

부모들의 역할은 첫째, 안전사고가 나지 않게 아이들을 살펴보는 감시자, 둘째, 다른 아이와 다투면 중재자, 셋째, 놀이 시간을 조정하는 타임키퍼이다. 부모는 아이한테 철석같이 붙어서 아이들의 행동을 제한하고 관리한다.

지금은 부모가 놀이터에 따라가는 것이 일상이 되어버렸지만, 내가 유년 시절을 보낸 80년대만 하더라도 유치원이나 초등학교 저학년생이 부모와 함께 놀이터에 놀러 가는 문화는 없었다. 그저 홀로 자연을 벗 삼고 스승 삼아 삶을 배우고 해가 뉘엿뉘엿 넘어갈 때까지 동네 친구들과 진탕 놀다 들어가면 그만이었다.

누군가의 엄마가 "아무개야 밥 먹어라!"고 외치면 그것은 '오늘은 이만 해산'이라는 암묵적인 약속의 표시이므로, 그때 우리는 옷을 탈탈 털며 친구들과 내일을 기약했다. 그리고 석양의 노을을 등지며 발길을 집으로 돌렸다. "음, 오늘도 괜찮은 하루였다"라는 말과 함께(물론 그 당시 내가 그렇게 말한 것은 아니고, 내가 느낀 분위기를 표현한 것이다).

나는 항상 아이들과 놀이터를 갈 때면, 어린 시절 혼자 놀이터에서 친구들과 우정을 나누던 일들이 생각난다. 그 시절의 아이들은 마치 이베리아반도에 파병된 카르타고 용병이 담배 한 개비를 전우와 함께 나눠 피고 전장으로 뛰어 들어가는 용맹함과 치열한 교전 끝에 총탄이 떨어진 상황에서 홀로 고립된 외로움을 이겨내는 강인함 같은 것이 있었다.

자신들의 뒤를 봐줄 그 누구도 없었고, 그저 손에 주어진 돌멩이와 나뭇가지만을 도구 삼아 수십 종류의 놀이를 만들어 내며 묵묵히 놀았다. 우리는 놀이 끝에 신념으로 뭉쳤고 뜨거운 핏줄이 하나로 통하는 경험을 했다. 그런 와일드함이 80년대 놀이터에는 존재했다.

그래서 놀이터를 와보면 항상 '너무 말랑말랑한 것이 아닌가'라는 생각이 든다. 놀이터 벤치에 앉아 무기력하게 아이들을 지켜보는 부모를 보며 '굳이, 부모가 놀이터까지 따라와서 감시를 해야 하나'라는 일종의 아쉬움이 남는 것이다.

물론 시대가 시대인 만큼 자동차 사고, 어린이 유괴의 무시무시함 같은 상황에서 아이들을 지켜내고자 하는 부모의 마음을 모르는 것은 아니지만, 그저 부모가 쳐놓은 울타리 안에 갇혀 놀이의 즐거움을 점점 잃어 가고 있는 것이 아니냐는 생각이 든다. 하지만, 최근 들어 이처럼 제한된 현대의 놀이 환경에서도 아이들의 창의성은 어떤 방식으로든지 발현될 수 있다는 생각이 들었다.

아이들은 그저 아빠가 밀어주는 그네나, 미끄럼틀을 반복적으로 타기만 했는데 어느 순간부터 아파트 앞의 공터에서 창의적으로 노는 것을 더 좋아하게 된 것이다. 내가 키득거리며 스마트폰으로 웹툰을 보고 있는 사이에 마치 외계인들이 잡혀있다는 미국 네바다주의 51구역을 잠입한 요원처럼 숨겨진 공터에 들어가 새로운 놀이를 시작한 것이다.

아이들이 하는 놀이는 채굴 놀이(땅에 박혀 있는 돌멩이를 캐내서 크기순으로 정렬시키는 놀이), 한약방 놀이(잡초를 뿌리째 뽑아 말리는 놀이), 채집 놀이(나뭇잎을 모으거나 곤충을 잡아서 한대 넣어 놓는다) 등이 있다.

내가 주로 투입되는 놀이는 채굴 놀이다. 주로 땅에 깊게 박혀 있는 크고 무거운 돌을 빼내는 역할을 맡는다. 땅을 한참 파고 돌을 나르고 있으면 마치 카프레 왕의 피라미드 석재를 나르는 노예가 된 기분이 드는데, 힘들다고 투덜거리면 작은 돌멩이를 정리하는 역할로 변경된다.

놀라운 것은 도무지 목적과 의미를 알 수 없는 놀이도 지속하다 보면 빠져들게 된다는 것이다. 그리고 이는 메소드 연기를 뛰어넘어 완벽히 이 역할에 빠져 동화되어 버리고 마는데 어느 순간 최고의 돌멩이를 찾기 위해 전심으로 땅을 파고 있는 나 자신을 발견하게 되기 때문이다(자랑은 아니지만 지름이 30cm 정도 되는 돌멩이를 아파트 화단에서 찾은 적도 있다).

아마 아이들에게 놀이란 그저 그 순간에 집중하고 눈앞에 놓인 상황에 깊은 몰입을 통해 재미를 찾는 것이 아닐까 생각된다. 이런 생각을 하니 시대의 변화와는 상관없이 '아이들의 놀이터에서 느끼는 즐거움은 비슷할 수 있다'라는 결론을 내리게 됐다.

최근에 대단히 아름다운 돌을 찾았다. 자연을 보고 있는 듯 웅장하며, 영국의 중년 신사를 보는 듯 중후하고, 햇살에 은은히 비치는 수려함이 있었다. 난 그 돌멩이를 돌멩이 서열의 첫 번째로 위치시키며 이렇게 말했다.

"음, 좋은 돌이다."

레고와 드로잉

나는 성향적으로 무언가를 창작하거나 손으로 만들어 내는 일을 굉장히 좋아한다. 따라서 내가 아이들과 하는 활동 중 가장 좋아하는 것은 레고 블록을 만드는 것과 그림을 그려주는 것이다.

자랑은 아니지만, 언제부터인가 아이들이 원하는 대상이나 주제를 레고로 구현하는 것에 꽤 소질이 있다는 것을 알게 되었다. "아빠, 사자 만들어줘. 자동차 만들어 줘. 겨울왕국에 나오는 아델린 성 만들어 줘" 등의 어떤 다양한 요구를 받아도 몇 분 안에 척척 만들어 낸다.

레고 창작에 대한 그 어떤 부담감도 없다. 그저 손이 블록에 가는 대로 차근차근 끼어놓다 보면 어느새 근사한 형태를 갖춘 구조물이 만들어지는 것이다. 심지어 나는 레고에 같이 동봉된 조립 예시 설명서가 시시하다고 느껴질 정도여서 차라리 프리랜서 레고 창작가가 되어볼까 하는 생각도 한 적이 있다.

그림을 그리는 것 또한 내가 하는 놀이 활동 중 큰 부분을 차지하는 일인데, 특히 채린이는 갖고 싶은 물건이 있으면 사달라고 하는 대신 그림을 그려달라고 한다. 내 역할은 책이나 사진에 나와 있는 다양한 동물, 만화 캐릭터들의 밑그림을 그리는 것인데, 내가 밑그림을 완성하면 채린이는 색연필로 채색을 한 뒤 오려서 인형 놀이를 하는 데 사용한다.

나는 장난감을 많이 사주는 편이 아니기에 최대한 아이가 그려 달라는 것을 많이 그려준다. 내가 그린 나비의 종류 수는 30가지가 넘고, 앵무새는 15종, 숲의 요정 페어리루는 40종류가 넘는다(페어리루 씨앗에서 태어나는 요정으로, 꽃, 곤충, 채소 등 다양한 콘셉트로 78개의 종류가 있다).

최근에 드로잉을 전문적으로 배우기 위해 개인 교습 받았다. 최근 계약한 책 한 권이 일러스트 작가 섭외 문제로 출판사가 골치를 앓고 있었는데 이럴 바에는 차라리 내가 그리는 것이 낫겠다 싶었기 때문이다. 물론 아이들에게 더 좋은 그림을 그려주고 싶은 생각도 있었다.

드로잉을 배우면서 강사가 자신의 노하우를 전수해줬는데, 바로 어떤 사물을 그리든 사물 전체의 윤곽부터 그리라는 것이다. 예를 들면 꽃을 그린다고 하면 보통 꽃잎을 하나하나 그리는 것이 일반적이겠지만, 꽃 전체의 외각의 라인을 먼저 그리고 디테일을 채워나가는 훈련을 해야, 어떤 것이든 그릴 수 있게 된다는 것이었다.

즉, 레고가 작은 한 조각에서, 세부적인 것에서 시작해 결국 큰 형태로 나아가지만, 드로잉은 큰 그림을 먼저 그리고, 세세한 것을 그려간다는 차이가 있다는 것이다.

육아에 대해 생각해보면, 누구나 처음에는 레고형으로 육아를 시작하지만 결국 부모가 추구해야 할 것은 드로잉형 육아가 아닌가 싶다. 아이가 어릴 때는 아이의 행동을 주시하고 관찰하며 세세한 것까지 신경을 쓰면서 점차 아이의 성장을 지켜보는 것이 필요하지만, 결국 중요한 것은 부모가 함께 아이가 원하는 큰 그림, 즉, 어떠한 삶을 살 것인가, 인생의 비전과 목표가 무엇인가를 그릴 수 있게 지원하고, 필요한 부분을 조금씩 채워주며 삶의 디테일을 살려가는 작업을 돕는 것이기 때문이다.

아이와 함께 인생의 밑그림을 그리고, 배경을 채워가며 아름답게 삶을 채색하는 것이다. 때로는 수정할 수 없어 밑그림을 새로 그려야 할 때도 있고, 색을 잘못 칠해서 어려움을 겪을 때도 있겠지만, 한 발자국 떨어져 삶의 마지막 여정에서 그림을 바라볼 때 우리는 이렇게 말할 수 있을 것이다.

"아름다운 그림이다. 여기까지 잘해 왔다."

딸과 아들

프랑스 실존주의 문학을 대표하는 작가인 장 폴 사르트르가 "인생은 B(Birth)와 D(Death) 사이의 C(Choice)다"라는 말을 남겼듯 우리는 인생을 살면서 수많은 선택의 기로에 서게 된다.

선택이라는 것은 겉으로 보기에는 수많은 옵션이 있는 것처럼 보이지만 결국 시간이 지나 돌이켜 보면 모든 선택의 옵션은 결국 'A 아니면 B, Either A or B'로 귀결되는 경향이 있다. 다시 말해 두 가지 옵션 중 한 가지를 제대로 선택해야 한다는 것이다.

예를 들면 중국집에 가면 짜장면을 먹을 것인가 짬뽕을 먹을 것인가를 선택해야 하고, 편의점에서는 삼각김밥을 고를 때 참

치마요를 살 것인가, 전주비빔밥을 살 것인가를 선택해야 한다. 비슷한 맥락으로 양념치킨인가, 프라이드인가, 물냉면인가, 비빔냉면인가, 보쌈인가 족발인가, 롯데월드인가, 에버랜드인가, 맥도날드인가, 버거킹인가, 사이다인가 콜라인가 하는 선택들에 우리는 둘러싸이게 된다.

유독 청년들과 대화를 하다 보면 꼭 이런 질문을 맞게 되는 경우가 많다, "딸이 좋아요? 아들이 좋아요?" 물론 이것은 짜장면과 짬뽕을 고르거나, 순대와 곱창 사이에 갈등하는 문제와는 차원이 다르다.

이런 질문을 받을 때마다 나는 "음, 둘 다 좋아요"라는 어정쩡한 말로 적당히 둘러대곤 하는데, 어느 날 이 문제에 대해 진지하게 생각을 하게 되었다. 이는 마치 어린아이에게 "엄마가 좋아? 아빠가 좋아?"라고 묻는 것처럼 선불리 대답하기 곤란한 질문이다.

내가 관찰한 결과 보통 눈치 빠른 아이들은 "엄마랑 아빠랑 둘 다 좋아요"라고 답변한다. 그리고 "굳이 하나를 고르자면?"이라며 계속 질문을 이어 간다면 아이는 "몰라"하며 방으로 뛰쳐나가며 자리를 피한다.

이 질문은 흑백사고에 대한 조기교육의 효시로 볼 수 있으므로 되도록 피하는 것이 좋다. 질문 자체가 선언지 긍정의 오류를 범하고 있어 '엄마를 좋다고 말하면 아빠를 싫어하는 것이다'라는 식의 사고의 오류를 가져올 수 있는 것이다.

또한, 아이들은 '내가 아빠를 싫어한다니….'라는 죄책감에 시달릴 수도 있겠다(참고로 호기심 천국에서 이에 대한 실험을 한 적이 있는데, 대체로 아이들은 뒤에 언급된 사람을 고르는 경향이 있는 것으로 나타났다).

이야기가 샜는데, 나는 '아들과 딸 중 하나를 고르기란 불가능하다'라는 결론을 내렸다. 이건 애플 아이폰이냐, 삼성 갤럭시냐와 같이 선호의 문제가 아닌 관계의 문제이기 때문이다. 따라서 나는 이렇게 답변한다. "아들과 딸 중 하나를 고르는 것은 가장 친한 두 친구 중 하나를 골라보라는 말과 같다."

나와 가장 친한 친구 두 명이 있다고 생각해보자. A라는 친구는 그 친구만의 매력과 특성이 있고 B라는 친구 또한 그만의 장점과 함께 지내온 추억이 쌓여 있기에 도저히 한 가지를 선택하는 것은 불가능한 것이다. 아들과 딸의 선택도 이와 같다.

뭐, 실제로 보면 딸보다 아들이 더 듬직해서 좋다는 직장 동료들이나, 딸을 더 좋아해서 자칭 '딸 바보'라는 친구들도 제법 있으니 이건 어디까지나 개인적 취향의 문제일 수도 있겠다. 하지만 적어도 나한테는 참 대답하기 곤란한 질문이다. 이럴 때 중국집에서처럼 "짬짜면!"을 외칠 수 있으면 좋으련만.

성향

내가 즐겨 듣는 곡 중에 빌리 조엘이 1977년 발매한 The stranger 앨범에 수록된 'Just the way you are'라는 곡이 있다. 이 곡의 가사 중에 "I'll take you just the way you are"라는 구절이 있는데 해석을 하자면 "당신을 있는 그대로 받아들이겠어요"라는 뜻이다. 즉, 있는 그대로를 사랑하겠다는 말이다.

나는 종종 이 말이 아이를 키우는 부모에게 육아에 대한 큰 지침을 준다고 생각한다. 많은 부모가 자신의 희망과 바람대로 자식의 인생을 설계하려 하고 원하는 방향으로 성장하기를 바라지만, 결국 살다 보면 자식을 있는 그대로 받아들여야 할 때가 오고, 아이의 다름을 인정해야 할 때가 올 것이기 때문이다.

즉, 중요한 것은 아이를 있는 그대로 바라보고 받아들이는 것과 아이의 존재만으로 큰 사랑을 나눠 주는 것이 부모의 역할인 것이다.

최근 아내가 걱정하는 것 중 하나는 학교 친구들과 어울리지 못하는 채린이에 대한 걱정이다. 학교에서 쉬는 시간마다 다른 아이들처럼 같이 떠들거나 놀지 않고 혼자 자리에 앉아 묵묵히 책만 읽는다는 것이다. 친구와 어울리기보다 학교에 빨리 등교해 선생님과 대화를 나누는 것을 즐기고, 자신과 맞는 아주 일부의 친구들하고만 어울린다는 것이다.

아내는 사교성이 없는 아이가 상당히 못마땅한지 때때로 "먼저 친구에게 다가가 인사도 하고 같이 어울려 놀아라"라는 훈육을 한다. 물론 부모의 입장에서 아이가 모든 친구와 잘 어울리고 활달한 것이 보기 좋을지 모르겠다. 하지만, 나는 이것이 타고난 성향이라고 생각한다.

나는 두 아이가 태어나고 꾸준히 아이들의 행동과 성향을 관찰해 왔는데, 물론 스스로 학습을 하거나 부모가 주는 영향도 있겠지만, 본질적으로 성격은 타고난다는 결론을 내렸다. 같은 환경에서 자라는 두 아이가 외부의 환경이나 자극에 반응하는 모습이 너무나 상이하기 때문이다. 내가 관찰을 통해 얻는 하나의 깨달음이 있다면 바로 '다름을 인정해야 한다'라는 것이다. 다른 것이 틀린 것이 아니기 때문이다.

한번은 이런 일이 있었다. '모처럼 아이 생일인데, 돈 생각하지 말고 큰 것 하나 안겨줘야겠다'라고 작정하고 대형 장난감 매장에 아이와 함께 갔는데, 1시간 동안 고르고 고른 것이 만오천 원짜리 팔찌 만들기 세트였다. 평소에 사지 못하는 값비싼 인형집 세트나, 전자 제품류의 선물 대신 소소해 보이는 만들기를 선택한 것에 꽤 의외라고 생각되어 "음, 이걸로 되겠어?"라고 물어봤는데, 아이는 "응, 옛날부터 이게 갖고 싶었단 말이야"라고 대답했다.

작지만, 자신의 선호가 100% 반영된 물건을 고르고 충분한 행복함으로 기뻐하면서 말이다. 누구에게나 비싼 것이 좋은 물건이 아니라는 것이다. 누구나 좋아하는 것이 다르듯 아이의 성향도 마찬가지다. 원치 않는 행동과 성격에 속상해할 필요 없다. 물론 이것을 바라만 보고 인정하기가 쉽지만은 않다.

둘째 아이 채원이(4살, 서울 거주)와 구청에서 주관하는 '아빠와 함께하는 놀이 교실'에 갔는데 다른 아이들은 아빠와 함께 선생님의 지시대로 활동을 잘 따라 하고 있는 반면, 채원이는 귀찮다는 듯이 수업 시간 내내 바닥에 누워서 뒹굴기만 해서 꽤 난감했던 경험이 있다.

낯선 환경과 처음 보는 선생님 앞에 나서는 것이 부끄러울 수도 있겠고, 새로 만난 아이들과의 교류에 익숙지 않아서일 수도 있겠다. 지금 돌이켜 보면 '낯선 환경에서 하는 활동들이 스트레스로 다가올 수도 있겠군, 그때 아이에게 이런 식으로 가이드를 줬으면 좋았을 텐데'라는 생각을 해보지만, 막상 그런 상황을 처음 맞닥트리는 게 되는 부모는 아이 못지않게 당황을 할 수밖에 없다.

따라서 평소에 아이의 성향에 대한 충분한 이해와 부모의 기대치와 다른 점을 인정하는 노력이 필요한 것이다. 아이의 성격 때문에 고민이신 분이 있다면 빌리 조엘의 "I'll take you just the way you are"를 한번 들어보시길.

안 돼

서비스업 종사자에게는 고객에게 하지 말아야 할 말이 세 가지 있다. '안 돼요. 없어요. 몰라요'다. 세 가지 말 중 하나라도 언급을 하면 고객은 거절당했다는 상처에 "무슨 서비스가 이리 형편없어?"하며 자리를 뜨게 된다는 것이다.

"모르면 모른다고 해야지 뭐라고 하는가?"라고 묻는다면 "잠시만 기다려 주세요. 확인해 드리겠습니다"라고 해야 한다. 고객이 얻는 결과는 같더라도 고객의 요구에 성심성의껏 대응하고 있다는 느낌을 전달하는 것이 중요하다는 것이다.

육아를 하면서 아이에게 가장 많이 하는 말은 무엇일까? 놀이를 하거나, 식사를 하거나, 야외 활동을 하거나 우리가 아이에게 주는 가장 많은 피드백은 '안 돼'로 통용되는, 바로 '제한'이라는 부정적 피드백일 것이다. 아이를 제한함으로 규칙을 배우게 하고, 자기를 통제하게 하며, 안전의 수용 범위를 알게 한다. 하지만 강한 제한은 오히려 내면의 상처와 함께 아이의 호기심과 탐색의 욕구를 저하시킨다.

우리가 내뱉는 말과 메시지에는 힘이 있다. 단적인 예로 2004년 일본의 과학자 에모토 마사루의 실험은 말의 힘을 가시적인 결과로 보여줘 이슈를 불러일으킨 적이 있다.

그는 쌀을 끓여 3개의 동일한 용기에 분배했다. 그 중 첫 번째 용기에는 긍정적인 단어의 라벨을, 두 번째에는 부정적인 단어의 라벨을, 마지막 하나는 중립적인 의미의 라벨을 붙였다. 한 달 동안 긍정적인 라벨의 쌀에는 매일 긍정적이고 유쾌한 말을 쌀에게 보냈다. 두 번째 용기는 증오, 경멸, 모욕, 무관심의 말을 전달했다.

한 달의 시간이 흐른 뒤 결과를 보니 긍정의 메시지를 받은 쌀은 원래의 형태를 유지하고 있었고 부정의 메시지를 받은 용기는 곰팡이로 가득 차 검게 변했다. 아이에게 보내는 '안 돼'라는 말은 그 자체로 굉장히 파워풀한 부정의 메시지를 담고 있다. 성인 고객이 들어도 감정의 불쾌함을 느끼는데, 감수성이 예민한 아이들의 감정에는 어떤 영향이 미칠지 말하지 않아도 이해가 될 것이다.

그럼 '안 돼'라는 말되신 어떤 말을 해야 하는가? 아이를 제한해야 하는 상황은 생각해보면 그리 많지 않다. 첫째, 위험한 환경에 놓였을 때, 그리고 사회적인 관념에서 옳지 못한 행동을 보였을 때다.

첫 번째 상황에서 우리는 '안 돼'라는 말 대신 '위험해'라고 말할 수 있다. 아이의 감정은 인정해 주되 상황을 인지할 수 있는 말로 대신하는 것이다. 그렇다면 후자의 경우에는 어떨까? 대안이나 대체물을 주는 메시지를 전달하는 것이다. "그림은 벽 대신 종이에도 그릴 수 있어. 책은 찢을 수 없지만, 다 본 신문지는 찢을 수 있지"라는 식의 대안을 주는 것이다. 수용 가능한 대안을 제시해 비슷한 상황이 생기더라도 적용해 사용할 수 있는 피드백을 주는 것이다.

언어에는 힘과 영향력이 존재한다. 우리가 사용하는 언어를 통해 아이들은 생각을 제한할 수도 있고, 훨씬 다양한 방식으로 현실을 볼 수 있다.

'어렵다'라는 말 대신 '한번 해볼 수 있다'라고 하는 것은 완전히 다르다. 우리가 다른 방식으로 메시지를 전달할 때 아이들이 가진 생각, 반응하는 방식, 그리고 삶의 많은 부분이 변화될 수 있다. 적어도 부정적인 메시지를 줌으로써 그 가능성을 빼앗는 일은 없어야 할 것이다.

애완동물

유년 시절을 뒤돌아보면 누구나 한 번쯤은 생명체의 신비함과 호기심을 가지고 동물이나 곤충들에 관심을 보이는 시기가 있는 것 같다. 내가 초등학교 저학년 때 생각해보면 반 친구 중에는 제법 파브르의 곤충기나 석주명의 전기 등을 읽고 곤충학자를 꿈꾸는 친구들도 있고, 곤충 채집이 취미인 아이들도 있었다.

나 또한 그 시절에는 잠자리 씨가 마를 정도로 수많은 잠자리를 잡았을 뿐 아니라, 표본 제작이라는 명목하에 눈에 보이는 곤충이라는 곤충은 싹 다 잡아 바싹 말린 후 스티로폼에 압정으로 꼽아 버리고 흡족해하던 기억이 있다.

비단 곤충뿐 아니라 시간이 흐르면서 적어도 스무 살 초반까지 제법 다양한 동물들을 기르게 되었는데 초등학교 정문 앞에서 판매하던 병아리부터 금붕어, 햄스터, 거북이, 기니피그, 길거리 고양이, 토끼 등이다. 물론 그만큼 많은 이별의 아픔을 겪고 생명의 소멸을 목격해야 했다.

어머니께서는 병아리가 닭이 되자 옆집에 갖다주셨고, 금붕어는 이사하는 동안 어딘가에 방생하셨다. 햄스터는 뜻밖의 죽임을 당했고, 잘 놀던 토끼는 떡볶이를 먹고 몇 시간 안에 사망했다(친구들과 비디오 게임에 정신이 팔린 사이 토끼 두 마리는 떡볶이 그릇 안에 들어가 허겁지겁 고추장에 버무린 채소를 먹다가 즉사했다). 고양이는 다시 길거리로 돌아갔다.

요즘 들어 부쩍 채린이가 애완동물을 사달라고 요구를 한다. “아빠, 강아지 사려면 돈을 얼마나 모아야 해?”라고 질문을 하자 “응, 넌 일주일에 천 원씩 용돈을 받으니까 한 20년만 모으면 돼. 너 나이 28살이고, 아빠 나이가 60살이 되면 강아지를 살 수 있어”라고 답변을 했더니 한동안 시무룩해져 말을 하지 않았다.

아이가 있는 집에서 동물을 기른다는 것은 또 다른 아이 한 명을 양육하는 일과 맞먹을 정도로 쉬운 일이 아니다. 구청에 동물등록도 해야 하고, 시기에 따라 예방주사를 맞히고, 운동과 식사까지 신경을 써야 하니 말이다.

더욱이 나는 이제까지 내 손을 거쳐 간 동물들의 죽음을 통해 한 생명을 책임지는 상황을 만들지 않겠다는 다짐을 해왔던 터라 또 새로운 동물을 집에 들인다는 것에 대한 거부감이 있었다. 아내도 20대 후반 16년간 함께 지낸 미니어처 핀셔, 다롱이를 암으로 떠나보내고 더는 동물을 기르지 않았다.

채린이가 최근에는 갑자기 도마뱀을 사달라고 했다. 아내는 "강아지나, 고양이 같은 동물도 아니고 왜 하필이면 도마뱀이니?"라며 정색을 하며 안된다고 아이를 다그쳤다. 나는 일단 아이를 타이르기 위해 "아빠는 네가 생각하는 기호의 다양성을 존중해주지만, 아직 네 나이는 생명의 존엄과 존재의 가치에 대해 온전한 책임질만한 나이가 되지 못했다"라는 메시지의 연설을 시작했다.

요약하자면 "동물을 스스로 기를 수 있을 만한 나이가 되면 사주겠다"라는 것이었고 그때가 언제냐고 집요하게 묻는 아이에게 얼떨결에 "네가 중학교 들어가면"이라고 약속을 해버렸다.

그런데 당연히 실망할 줄 알았던 채린이가 뜻밖의 반응을 보여 놀라고 말았다. 함박웃음을 지으며 "고마워! 아빠, 약속 꼭 지켜야 해"라며 좋아하는 것이었다. 나는 '뭐지? 아직 초등학교 1학년이면 6년은 기다려야 한다는 말인데, 이게 그리 기쁜 일인가?'라고 생각했는데 아이에게는 아빠가 사줄 것이라는 확실한 믿음과 신뢰가 있었던 것 같다.

다음날 일어나자마자 채린이는 이렇게 말했다. "아빠, 중학교 가면 도마뱀 사줘야 해!" 그다음 날도, 그다음 날도, 그다음 날도 같은 말을 반복했다. 1주일이 지나자 나는 깨달았다.

'혹시 무한 반복으로 말해서 약속을 각인시키고 나를 지치게 해 자신의 목표를 조기 달성하려는 전략이었나?'

장래 희망

브라질의 저명한 교육학자이자 사회학자인 파울로 프레이리는 한 가난한 동네의 아이에게 이렇게 물었다. "네 꿈이 무엇이니?" 아이는 대답했다. "저는 악몽밖에 꾸지 않는데요."

아이들은 어른들이 보여주는 세계만큼 꿈을 꾼다. 자신의 처한 환경에서 시야를 가두고 생각을 점점 제한하게 된다는 것이다. 따라서 무엇을 가르쳐 주는 것이 아니라, 무엇을 보게 하는가가 중요하다.

70, 80년대 초등학생들의 장래 희망 조사의 1위는 대통령, 2위 과학자, 3위 군인으로 조사됐다. 설문 조사가 알려주듯 내 어린 시절 꿈도 과학자였다.

이는 인류의 삶을 바꿀 수 있는 과학 기술을 개발하거나 우리나라 최초로 노벨과학상을 수상하겠다는 원대한 포부가 있기 때문에는 아니고, 무분별하게 일본 만화에 노출되어, 마징가Z를 만든 쥬조 박사, 아톰을 만든 오챠노미즈 박사, 그랜다이저를 만든 프록톤 박사의 영향으로 로봇 파일롯이 되지 못하느니 로봇을 만드는 과학자가 되어야겠다고 생각했다.

하지만, 수학과 과학에는 영 재능이 없었다. 고등학교는 이과로 진학을 했지만, 학창 시절 내내 수학 점수는 70점을 넘겨본 기억이 없을 정도다. 되고 싶은 것과 재능의 격차를 줄이지 못해 오랜 시간을 방황하며 보내야 했다.

채린이한테 커서 뭐가 되고 싶냐고 물었다. "응, 나는 수의사가 돼서, 아픈 동물들을 고쳐줄 거야." "그래? 그럼 공부 잘해야겠네." 내가 대답했다.

채린이는 100권짜리 동물, 식물 전집을 매일 들여다본다. 최근 들어 부쩍 TV에서 '꼬마 의사 맥스터핀스(고장 난 장난감들을 고쳐주는 여자아이가 주인공인 TV 애니메이션)'를 즐겨 본다. 할아버지와 산에 올라가서 곤충 잡는 것을 좋아한다. 아마 각종 미디어의 노출과 동물과 엮어진 다양한 삶의 조각들이 한데 어우러져 생업으로 방향을 정했으리라.

생각을 담는 것은 제한이 없다. 따라서 윌리엄 아서 워드는

"작은 생각만큼 성취를 제한하는 것도 없다. 자유로운 생각만큼 가능성을 확장하는 것도 없다"라고 말했다. 하지만, 부모의 능력이나 처한 상황에 따라, 아이에게 줄 수 있는 환경은 제한적이기에 아이에게 꿈을 찾을 수 있도록 충분히 지원해주는 것이 필요하다.

아이가 어떤 성격인지, 무엇을 좋아하는지, 지금 어떤 환경에 놓여 있고 당장 흥미를 느끼고 반복하고 있는 것이 무엇인지 관찰해서 잠재력을 깨워주는 것이 필요하다는 것이다.

이런 부모의 노력을 통해 아이가 재능을 보이는 것을 찾아냈다면, 일단 이를 개발할 첫 시발점에 놓이게 된 것이다. 하지만 무턱대고 아이의 재능을 계발해 주겠다고 학원이나 개인 교습을 보내는 것도 옳은 방법은 아니다. 채린이는 3살 이후부터 지속적으로 노래와 춤을 연습한다. 아이가 음악에 관심을 보이자 이를 더욱 계발해 주기 위해 피아노 교습을 시키려고 했더니 채린이는 완강히 거부했다. 재미가 없다는 이유에서였다.

이처럼 아이들은 종종 재능을 보이는 활동에도 관심을 보이지 않는 경우가 제법 있다. 따라서 아이들이 좋아하는 것과 잘하는 것에 대해 스스로 탐색할 수 있는 시간을 줘야 한다. 스스로 결정할 수 있는 여건을 조성한 뒤 자신이 흥미로운 활동에 대해 충분한 시간을 가지는 것이 필요한 것이다.

최근 본인의 희망에 따라 발레 학원에 등록했다. 학원에서 배우는 발레가 재미있냐고 물으니 힘들다고 한다. 채린이는 강수진의 발을 예로 들며 발레는 힘든 것이라고 강조하며 거실에서 껑충껑충 뛰어다니며 배운 동작을 연습한다.

아마 장래 희망이란 힘들어도 스스로 이를 감내하고 지속할 수 있는 열정이 있는 일과 남들보다 조금 뛰어난 일각의 재능을 찾아가는 과정이 아닐까 생각한다. 최근에 다시 장래 희망을 물었다. 채린이는 이렇게 대답했다.

"발레하는 수의사."

동화책 읽기

지금 와서 생각해보면 내가 어린 시절 집에 책이 그리 많지 않았다. 위인전 전집 세트와 당시 유치원 교사셨던 어머니가 가지고 오는 몇몇 동화책이 전부였다. 또한, 아쉽게도 아버지나 어머니가 나를 무릎 위에 앉혀 동화책을 들려주시던 기억은 그리 많지 않다. 대신 동화책의 그림을 보며 동화책 부록으로 들어 있는 카세트테이프를 늘어지게 들었다.

따라서 아직도 그 동화의 분위기나 성우의 목소리 톤과 배경음악 같은 것들이 생생히 기억난다. 특히 '해와 달이 된 오누이' 이야기는 내 머릿속에 온전히 보존되어 어른이 돼서도 불쑥 떠오르곤 하는데, 엄마가 호랑이한테 잡아먹히고 오누이는 호랑이를 피해 달아나다가 결국 해님과 달님이 되었다는 처절한 결말을 꼬장꼬장한 동네 영감의 호령하는 듯한 나레이션과 실제 호랑이 울음소리를 녹음한 듯한 사실감 있는 효과음이 어우러져 굉장한 공포감을 느꼈기 때문이다.

이렇게 생각해보면 단지 눈으로 보는 것과 귀로 듣는 것에는 상당한 격차가 존재한다고 생각한다. 유년 시절의 청각적인 자극이 한 사람의 삶에 깊게 스며들어 시시때때로 감정을 장악할 수도 있다는 점에서 보면 말이다. 따라서 적어도 글자를 하나의 도식이나 그림 정도로만 인식하고 있을 나이 때에는 책을 읽어주는 행위 자체가 아이들의 정서나 지식 발달에 큰 도움이 된다고 생각한다.

그러나 시간이 흘러 내가 동화책을 읽어줘야 할 시기가 되자 이것이 꽤 번거로운 일이라는 것을 알게 되었다. 연구 결과에 따르면 36개월의 아이의 집중력은 3분 정도기 때문에 “매미는 노린재목 매밋과에 속하는 곤충으로 몸길이는 0.3~80㎜로 크기가 다양하고….”까지 읽고 나면 이미 정신이 육체에서 분리되어 아이는 손으로 장난감을 만지작거리게 된다.

또한, 기본적으로 퇴근 후 집에 오면 상당히 에너지가 떨어져 있는 상태이므로 책장을 넘겨 느긋하고 상냥하게 동화책을 읽어 줄 여유가 없다. 한 책에 모든 열정을 쏟아 읽어버리면 "또 읽어줘"라는 아이의 요구에 제대로 응할 수도 없다.

따라서 모든 책을 다 읽어주기보다 적당히 큰 그림 위주의 설명 또는 간단한 해설을 곁들여 가며 훌훌 책장을 넘겨 버리게 중요하다. 예를 들면 공룡 책의 공룡 이름을 하나하나 다 읽어주면 혀가 마비되어 다음 책을 읽는 데 큰 지장이 있게 되므로, '브라키오사우루스=큰 공룡', '센트로사우루스=뿔 달린 공룡', '티라노사우루스=무서운 공룡' 정도로 대체하여 읽어주는 것이다.

물론 이 방식은 아이가 48개월 정도일 때까지 가능하다. 더 커버리면 아빠가 대충 읽어준다는 것을 간파해버리고 "그거 아니잖아"(물론 한글은 모른다)라는 도전을 받게 된다. 이 시기가 오면 제법 글 밥이 많은 책에 관심을 두고 이야기의 서사를 재미있게 받아들이기 때문에 앞서 말한 '요약 전법'으로 상황을 모면할 수 없다. 그저 묵묵히 책을 읽어줘야 한다.

문제는 몇몇 권 읽어준다고 자라나는 아이들의 지적 호기심을 다 충족시킬 수 없다는 데 있다. 부모 대부분은 읽어주는 책의 권 수를 정해놓고 읽어준다. 목이 아프고 귀찮기 때문이다(혹시 아니라고 하시는 부모들이 있다면 죄송합니다).

내 경험으로는 30페이지 동화 3권 이상을 읽어주면 목이 아프고 만사가 귀찮아짐을 느낀다. 그렇다면 단지 동화책의 권수를 정해놓고 무작정 "오늘은 여기까지. 어, 왜 더 읽어 달라고 해? 약속이 틀리잖아"라는 식으로 아이들을 나무라는 것도 한계가 있다.

"그럼 어떻게 해야 하는가?"라고 반문할 독자들에게 비법 한 가지를 소개한다. 바로 '복식 호흡' 기법이다.

복식 호흡은 실제로 배로 하는 호흡은 아니다. 배로 숨을 쉴 수는 없지 않은가? 복근을 통해 횡격막을 움직여 호흡하는 것을 말한다. 즉, 뱃속 깊숙이 숨을 들이마시는 호흡법을 통해 발성하면 목에 무리를 주지 않고 장시간 책 읽기가 가능해진다.

간단하게 방식을 설명하자면, 초등학교 다닐 때 음악 선생님이 "아랫배에 힘줘!"라고 하는 말을 들어봤을 텐데, 배에 힘을 주고 배에서 소리가 난다고 생각하고 "아"라고 소리를 내보는 것이다. 중국 무술에서 내려오는 일설에 따르면 사람은 복식 호흡을 하며 태어나 점점 나이가 듦에 따라 가슴으로 숨을 쉬다가 더욱 나이가 들면 목으로 숨을 쉬다가 죽는다고 한다.

조금만 연습하면 몸이 기억하고 있었던 어렸을 적 호흡 습관을 체득화시키는데 그리 오랜 시간이 걸리지 않는다. 복식 호흡의 방법에 관해서 설명하자면 이 책의 모든 지면을 빌려도 다

설명하지 못할 만큼의 방대한 해설이 들어가야 하기에 이 정도로 설명을 줄이고자 한다.

바야흐로 유튜브 시대가 열리면서 동화책을 읽어주는 수많은 영상 채널들이 생겨났다. 마음만 먹으면 일에 바쁜 부모도, 삶에 지친 부모도 편히 육아를 할 수 있는 방식은 많다는 것이다. 하지만, 먼 훗날 아이들이 장성하여 기억하는 것은 어린 시절 엄마가, 아빠가 읽어 준 한 권의 동화책일지도 모른다.

어쩌면 삶에 있어 가장 귀찮지만 아름다웠던 시간은 아이를 무릎 위에 앉히고 동화책을 읽어 준 5년 남짓의 시간일 것이다.

한식과 육아

전 세계 국외 법인을 돌아다니며 경영 컨설팅을 하는 것이 내 일이다. 따라서 자연스럽게 한 달의 절반 정도는 해외로 나가서 생활하게 된다. 해외에 나가면 각 나라의 경제, 정치, 문화 등 다양한 것을 접하게 되는데 놀랍게도 식사만큼은 절대적으로 예외다.

내 말인즉, 해외에 나가면 당연히 그 나라의 전통 현지식을 먹게 될 것이라는 예상과 반대로 한식만을 먹게 된다는 것이다. 다시 말해 각 나라의 다양한 스타일의 한식을 고루 접하게 된다.

"자, 이번에 본사에서 출장자가 왔으니 오늘은 특별히 '아리랑(한식당 이름)'에서 회식입니다"라든지, "멀리서 와서 고생이 많은데, 오늘은 제대로 좀 먹어야지? 거, 여기'금강산(한식당 이름)'이라고 갈비 잘하는 집 있어"라며 자연스럽게 한식으로 먹게 되는 것이다.

점심 또한 대부분은 구내식당의 한식을 이용하거나, 가까운 한식집을 찾게 된다. 아마 대부분 주재원은 '제대로 일하려면 역시 한식을 먹어야 한다'라는 인식이 강한 것 같다. 따라서 정말 특별한 경우가 아니고서야 현지 법인에서 제공해주는 한식을 먹게 된다.

물론 우리나라 짜장면이 전통 중국 요리라 볼 수 없듯이 현지에서 먹게 되는 한식은 한국의 전통 한식이라고 볼 수 없다. 조달하는 식자재의 한계 때문에 많은 부분의 식자재가 현지에서 조달되고, 현지 주방장이 현지 조미료를 사용해 요리하기 때문이다.

예를 들어 두바이에서 불고기를 주문할 때 국물 많고 얇은 고기에 각종 채소나 당면이 들어간 서울식 불고기를 예상하면 큰 오산이다. 붉은 양념에 숭덩숭덩 썰린 양파와 당근이 곁들어진 정체 모를 고기가 접시에 담겨 나오기 때문인데, 여기서 '불고기'란 말 그대로 불에 구군 고기로 어지간한 양념에 고기를 버무려 차분히 구워내면 '불고기'라는 칭호를 부여받게 된다.

인도에서 요리로 떡볶이를 시키면, 고춧가루나 고추장 양념이 아닌, 칠리 파우더나 후추 등 현지 향신료로 버무려진 떡을 먹게 될 수도 있다. 여러 나라에서 한식을 먹게 될 경우 현지식도 아니고 한식도 아닌 이도 저도 아닌 요리를 먹게 될 가능성이 크다는 얘기다.

해외의 한식당이란 마치 유명 가수라는 타이틀로 사람들을 현혹시켜 불러모은 뒤 모창 가수가 등장하는 삼류 밤무대를 보는 것과 같다. 한식이라는 아이덴터티를 앞세우고 있지만, 모양새만 갖춘 음식이라는 인식이 강한 것이다.

그렇다고 그 누구도 이것이 한식이 아니라고 부정하긴 또 힘들다. 비록 조금은 미흡할지라도 한식이라는 말로밖에 설명할 수 없는 비주얼, 게다가 가끔은 생각 의외로 '오, 이건 꽤 색다른 맛인데. 이런 식의 한식도 가능하군'하는 깨달음을 주는 음식을 '이건 한식이 아니야'라고 차마 부정할 수 없는 것이다.

생각해보면 육아란 외국에서 맞닥트리는 한식을 닮았다. 부모들은 '아이들은 이렇게 키워야 해. 제구실하려면 이 정도는 시켜야지. 그건 올바른 행동이 아니지'라는 식으로 결론 내리고 아이들의 행동을 제한하거나 권장하지만, 사회적 합의와 기준을 지키는 적정선에서 아이들의 다양성과 특성을 인정해 주는 것이 육아에 있어 필요하다.

즉, 간장으로 양념한 소불고기를 숙성시켜 구워낸 것만 불고기뿐 아니라, 현지식 양념으로 갓 구워낸 고기도 한식으로 인정할 수밖에 없듯이 아이들의 성장과 학습 방식에도 차이가 있음을 받아드리고 이를 수용하려는 태도가 중요하다는 것이다.

할아버지, 할머니

나는 어린 시절에는 외할머니를 굉장히 좋아했다. 내가 태어났을 당시 외할아버지는 이미 살아 계시지 않았고, 친가 쪽 조부모님께서도 일찍 돌아가셨기 때문에 외할머니는 내가 경험한 유일한 가정의 어르신이었다.

나는 할머니가 집에 놀러 오시거나, 할머니 댁이 있던 강릉 주문진에 놀러 가면 마치 눈밭을 뛰어다니는 강아지처럼 할머니를 반기며 즐거워했는데 지금 와서 말하는 것이지만, 사실 매번 할머니께서 용돈으로 천 원을 주셨기 때문이다.

유치원생이었던 나에게 당시 천원은 문방구에서 원하는 장난감을 충분히 살 수 있을 정도로 꽤 큰 돈이었다. 참고로 당시의 천원의 가치란 오락실에서 오락을 20번 할 수 있고, 라면 10봉지를 살 수 있으며, 짜장면 두 그릇을 먹을 수 있는 상당한 가치가 있는 돈이었다.

한편으로는 유치원생이 돈의 가치를 알 수 있는 적정한 한도의 돈이기도 했고, 할머니께서 내 손에 쥐어져도 부모님이 큰 제동을 걸지 않고 허용할 수 있는 수준의 돈이기도 했다(한번은 세뱃돈으로 만 원을 받았는데 부모님에게 관리상의 명목으로 빼앗기고 말았다).

따라서 할머니를 볼 때마다 몸을 흔들며 반기면서 손을 쓱 내밀어 목적을 달성한 후에는 문방구에 달려가서 오늘은 무엇을 살까 고민하던 기억은 아직도 즐거운 추억으로 남아 있다.

우리 집 아이들도 친할아버지, 할머니 집에 놀러 가는 것을 상당히 좋아한다. 집이 가까워 한 달에 한 번 정도는 꼭 놀러 가는데, 아이들이 좋아하는 이유는 이들이 얻는 이익이 있기 때문이다. 물론 부모님께서는 아이들에게 천 원을 주시지 않는다. 하지만, 그 누구의 간섭도 받지 않고 원하는 만화영화를 실컷 보고 먹고 싶은 간식을 실컷 먹을 수 있다.

할아버지는 ‘예스맨’이라 아이들이 원하는 것은 무엇이든지 들어주고 놀이 상대가 되어준다. 자신들을 혼내는 사람도 없다. 이 집에 있는 시간 만큼은 이들에게 온전한 자유가 주어진다.

나 또한 부모님 댁에서만큼은 아이들에게 집에서 적용해 왔던 육아의 기준들을 들이대거나 제재를 가하지 않는다. 나는 아직도 할머니를 생각하면 어린 시절의 즐거웠던 순간들이 떠오르기 때문에 아이들도 할아버지나 할머니와 좋은 추억을 쌓기를 바랄 뿐이다.

어떻게 보면 아이들에게 할아버지, 할머니와 함께하는 시간은 인생에 있어 극히 짧은 시간이고 이 주어진 시간이 기쁘고 즐거운 기억으로 가득 찼으면 하는 바람에서다. 이 짧은 시기를 통해 형성된 친밀하고 따뜻한 정서적 안정감은 때로 인생의 힘든 시간을 거쳐 갈 시기의 버팀목이 될 수도 있을 것이다.

그런데 최근에 한 기사에서 “황혼 육아에 등골이 휜다. 집에 손자가 오면 반갑고 갈 땐 더 반갑다”라는 내용을 봤다. 현실에서 맞벌이 부부가 가장 먼저 손을 내미는 곳은 아이의 할머니, 할아버지다. 이런 맞벌이 부부가 증가해 가정의 영유아의 절반이 할머니, 할아버지 손에서 자란다는 것이다. 문제는 육아하는 조부모는 육체적·정신적으로 적잖은 스트레스를 받는다는 것이다.

아무리 인생 경험이 풍부한 베테랑일지라도 현업에서 손을 뗀 지 여러 해가 지나면 감각도 무뎌지고 체력 또한 떨어지기 때문에 아이를 보기가 쉽지 않다. 그런데도 할아버지 할머니들은 조금이라도 손주를 잘 돌보기 위해 노력하는 듯하다.

한 대형 인터넷 서점에서 60대 독자가 가장 많이 구입한 베스트 셀러 1, 2위가 조부모 육아 서적이라고 한다. 심지어 최근에는 몇 년간의 육아일기를 책으로 출간한 할아버지도 나왔다. 공부를 직접 가르치는 할아버지도 있고 유치원 행사는 만사를 제치고 참석하는 할머니도 있다. 조금은 힘들더라도 손주를 향한 그들의 사랑을 다양한 방식을 통해 드러내는 것이다.

부모님께는 조금은 죄송하지만, 세월이 흘러 더 힘들어지시기 전에 최대한 자주 아이들과 함께하는 시간을 마련하고 싶다. 버락 오바마는 조부모의 손에서 자랐고, 조부모와 함께할 때 생기는 긍정적 교육 효과를 공개 석상에서 자주 언급했다.

그는 대선 전날 돌아가신 자신의 할머니를 '조용한 영웅'으로 칭하며 손주들이 더 나은 삶을 살 수 있도록 열심히 일한 할머니의 죽음을 알리기도 했다. 한 나라의 정상에 오르기까지 조부모가 오바마 전 대통령에게 미친 영향력은 상당히 컸을 거라는 것을 짐작해 볼 수 있다.

시간이 흐르면 아이들도 할아버지, 할머니를 그리워할 날이 올 것이다. 셀 수 없이 반복되는 질문에 한결같은 모습으로 인자하게 답변을 해주시던 모습, 호기심을 존중해주고 그분들의 지혜를 자신의 수준에 맞춰 조금씩 알려주던 모습, 늘 여유가 있고, 웃음을 보이며, 안아주고 사랑을 표현하는 모습들 말이다.

3장

똥, 잠, 콜라

101

아이들의 방은 언제나 전쟁터와 같다. 바닥에 아무렇게나 어지럽혀진 조개껍데기, 종잇조각부터 먹다 흘린 음식물까지, 정말 다양한 쓰레기와 장난감들이 한데 엉켜있다.

퇴근 후 집에 와보니, 마치 2차 세계대전 때 B-17 전폭기가 투하한 폭탄이 정확히 책장을 강타한 것 같이 책장에 꽂혀 있던 책의 절반 정도가 바닥에 쏟아져 있었다. 찢어진 책 조각과 커버가 몸통에서 분리돼 버린 책들도 바닥에 처참히 굴러다니고 있었다. 나는 내장을 쏟아내며 죽어가는 전우를 바라보는 느낌이 들었다. 실제로 본 적은 없지만, 실제로 본다면 비슷한 느낌이 들지 않을까 싶다.

책을 정리하다가 책더미 위에 있는 디즈니의 '101마리 달마시안'이 눈에 들어왔다. 원작에 충실한 제목이다. 도디 스미스는 60세에 The Hundred and One Dalmatians을 썼다.

동화작가인 도디 스미스는 생애 동안 많은 작품을 저술했는데 그중 내가 기억하는 작품은 '101마리 달마시안' 정도다. 참고로 101마리 달마시안 영화의 성공에 힘입어 2000년에 후속작인 '102마리의 달마시안'이 제작되었지만 그다지 좋은 평가를 받지 못했다.

하지만 크루엘라 드 빌을 연기한 글렌 클로즈의 연기력은 상당해서 미국 영화 연구소가 선정한 '영화 역사상 최고의 악당 캐릭터<AFI's 100 Years... 100 Heroes and Villains>' 에 39위로 이름을 올렸다.

이 책이 눈길을 끄는 것은 다름 아닌 '101'이라는 숫자 때문이었다. 왜 도디 스미스가 100마리의 개가 아닌 101마리를 책의 제목으로 삼았는가에 대해 궁금해서 책을 뒤적거려 봤지만, "퐁고와 페르디카가 99마리의 강아지를 이끌고 집으로 돌아왔기 때문"이라는 내용만 확인할 수 있었다.

101이라는 숫자는 왠지 100이라는 숫자보다 어색해 보인다. 우리는 100이라는 숫자에 더 익숙하다. 연인들은 만난 지 100일이 되면 이벤트를 진행하고, 아이가 태어난 100일도 축복해

준다. 곰이 인간이 되기 위해 기다려야 했던 기간도 100일이다. 100이라는 숫자는 완전함을 뜻한다. 따라서 100에다가 1을 더한 101이라는 숫자는 이 완전함에 티를 붙인 느낌이 든다.

하지만 곰곰이 생각해보니 101이라는 숫자도 꽤 그럴듯해 보인다. 수의 생김새도 0을 사이에 두고 대칭적인 모양을 하고 있어 유심히 들여다보면 안정감이 든다. 1이라는 것이 완전함을 이루고 또 다른 시작에 도전한다는 느낌을 주는 것이다.

유독 서양에서는 100보다 101이라는 숫자를 더 선호하는 경향이 있다. 미국 대학의 기초과정의 코드명은 101이고, 외국 서점에 가보면 '성공하는 101가지 방법', '101개의 FAQ'라는 식의 책 제목을 흔히 볼 수 있다(참고로 미국의 가장 유명한 고속도로 이름은 U.S. Route 101이다).

육아라는 것을 이 두 숫자로 비교해 보자면 100이기보다 101에 가깝다. 1이 더해져 보다 완전한 100을 이루기 때문이다. 즉, 1이라는 사소함이 큰 차이를 만들 수 있다는 것이다.

대부분 사람이 그렇겠지만 '음, 오늘은 집에서 아이들과 제대로 시간을 보내야겠군'하고 다짐하는 사람은 많지 않다. 우리가 접하는 것은 아이들과 함께하는 순간순간의 시간이다. 이는 퇴근하고 돌아올 때 반겨주는 아이들의 웃음소리나, 편식하는 아이를 달래거나, 아이가 유치원에서 배워온 율동을 지켜보는 순간들이다.

그리고 이렇게 순간의 시간을 흘려보내고 나면, 이러한 기억의 단편들이 한데 응고되어 적정한 수준의 추억을 만들어 내는 것이다.

"아이고, 이쁠 때네. 네 살이에요? 애들은 금방 자라요." 주변에 이런 어르신들의 말을 많이 듣는다. 삶에 있어 영원할 것 같은 육아의 시간은 한시적이니, 그 순간을 소중히 하라는 선인들의 지혜가 아닌가 싶다.

우리가 집중해야 할 것은 아이들에게 대단한 교육의 기회를 제공하거나, 값비싼 옷을 사주거나, 근사한 놀이동산에 데려가는 것이 아니다. 그저 아이가 똥 싼 기저귀를 가는 순간, 유치원의 만들기 숙제를 위해 가족사진을 프린트해야 하는 순간, 곤충 전집을 읽어주는 순간처럼 가볍게 지나가는 '1'이라는 사소함에 집중하는 것이다.

이 작은 삶의 '1'이 우리의 삶을 더욱더 풍요롭게 하기 때문이다. 아주 작지만, 이런 작은 순간들이 모여 삶을 특별하게 한다.

Time과 Newsweek

미국의 대표적인 시사 주간지를 두 개만 뽑자면 Time과 Newsweek가 있다. Time과 Newsweek는 비슷해 보이면서도 몇 가지 큰 차이가 있어서 Time을 읽느냐, Newsweek를 읽느냐에 따라 읽는 사람의 성향을 알 수도 있다.

먼저 Time의 기사들은 상당히 디테일하다. 사건의 배경부터 일어나게 된 이유, 사건이 주는 의미까지 대단히 많은 정보를 하나의 기사로 담고 있다. 하지만 Newsweek는 보다 간단하고 명료하다.

Newsweek가 몇 개의 단락으로 기사를 마무리한 데 비해 Time은 페이지가 넘어가도 기사가 계속되는 경우가 많다. 따라서 독자들은 Time에서 요점을 찾는 데까지 꽤 많은 시간을 할애해야 한다. 반면 Newsweek는 정확하고 간결하며 읽기 쉬운 것에 초점을 맞춰서 편집되기 때문에 에디터의 요지를 파악하기가 쉽다.

Time의 기사들은 그 디테일함 만큼 다루는 주제 또한 상당히 무겁다. 오바마 헬스 케어 플랜이라든지, 줄기세포라든지, 트럼프의 보호무역주의 정책 등에 관한 것이다. 반면 Newsweek 는 "왜 브리티니 스피어스가 당신에게 좋은가?", "이스라엘의 가장 오래된 맥주"와 같은 가벼운 기사들을 쉽게 볼 수 있다.

또 다른 특징은 Time은 Newsweek에 비해 더욱 방대한 주제를 다룬다는 것이다. Time은 미국, 세계, 경제, 정치, 비즈니스, 기술, 건강, 과학, 엔터테인먼트, 여행 등 주제가 다양하지만, Newsweek 는 주로 세계, 경제, 정치, 비즈니스 등 몇 가지 주제에 집중되어 있다.

이런 다양한 차이 속에서도, Time과 Newsweek를 가르는 결정적인 요인은 Time이 인물, 즉 사람 중심의 기사를 다루는 데 비해, Newsweek는 사건 중심의 기사를 다룬다는 데 있다.

예를 들면 Time은 지난 80년간 올해의 인물<Person of the year>이라든가 세계에서 가장 영향력 있는 100인 <Time

100>을 1999년부터 매해 발표하고 있다. 또한, Time이 주제 인물을 선정해 인물을 통해 사건을 조명하는 반면, Newsweek에는 사건과 사건의 인과 관계를 다루는 기사가 많다.

영화나 드라마에서 단편을 기획할 때는 사건 중심의 이야기를, 장편일 때는 인물 중심으로 스토리를 풀어간다고 한다. 사건 중심의 이야기 전개는 인물보다는 인물이 겪는 사건을 중심에 두는 것이고(이를테면 수사물이나 액션물 같은), 인물 중심은 초반부터 캐릭터를 명확히 구축하고 인물과 인물 사이의 관계를 중심으로 이야기를 푸는 방식이다.

육아라는 것이 단막극이 아니라 장편 영화임을 고려해 볼 때, Time이라는 잡지가 좀 더 우리에게 와 닿는 방식이 아닐까 생각한다. 매주 광범위한 주제를 심도 있게 다루기 때문이다.

한번은 미국 뉴저지 출신의 록스타 브루스 스프링틴<Bruce Springteen>이 본투런<Burn to Run> 앨범으로 단숨에 스포트라이트를 받은 일이 있었다. 1975년 10월 Time과 Newsweek는 동시에 브루스 스프링틴을 커버 사진으로 실었다.

이는 록스타로는 최초로 미국을 대표하는 양대 언론지의 표지를 장식한 일로 유례없는 사건으로 기록되었다. 스프링틴의 노래가 단순히 듣기 좋은 음악 수준을 넘어 힘겨운 블루칼라들의 꿈을 노래해 희망을 남겼기 때문이다. 서론이 길었는데, 사실은 타이틀곡 Burn to Run은 아이들 방을 청소하며 듣기 좋은 곡이니 꼭 한번 들어보시라는 말을 하고 싶었다.

똥

최근 부산 기장군에 있는 대변초등학교의 이름이 부산 용암초등학교로 개명되었다. 멸치잡이로 유명한 대변항이 있는 대변리의 작은 학교로 1963년 개교이래, 55년 만의 일이었다.

동네 이름을 따서 지어진 이 역사 있는 학교의 이름이 변경된 이유는 다름 아닌, '똥' 학교라고 다른 아이들의 놀림을 받아서였다고 한다. 참고로 1944년에 개교한 충주시 야동리의 야동초등학교는 이름 때문에 온갖 미디어의 놀림을 받고서도 버젓이 잘 운영되고 있다(교가에는 "어디서나 떳떳한 야동 어린이"라는 가사도 들어가 있다).

감수성이 한참 자라날 초등학생들에게 '똥'이라는 말이 꽤 민감할 수도 있지만, 영유아기의 아이들은 똥을 '정겨운 내 친구' 정도로 인식하고 있어 똥이란 말만 들어도 자지러지게 웃는 모습을 자주 볼 수 있다. 이는 유아들의 배변훈련을 돕기 위한 교육부의 똥 친화적 교과 과정 때문이라고 생각한다.

실제로 어린이집에서는 인성 프로그램에 '똥도 쓸모가 있다'라는 식의 학습 목표가 설정되어 교육을 진행하기도 하고, '로봇 똥', '강아지똥', '누가 내 머리에 똥을 쌌어?' 등 다양한 똥 관련 동화책도 존재한다.

또한, 이러한 똥 관련 콘텐츠는 아이들에게는 상당히 매력적으로 작용하고 있어 똥 관련 뮤지컬, 똥 인형, 완구 등 다양한 미디어믹스로 재생산되어 아이들의 이목을 끌고 있다.

어찌 됐건 아이들은 똥을 좋아한다. 프로이트는 유아의 삶의 중요한 단계가 항문기라는 이론을 펼쳤는데, 유아 시절에는 항문을 통해 즐거움을 얻으려고 하기 때문이라는 것이다. 일각에서는 똥은 자신이 만들어 낸 창조물이기 때문에 자신의 분신처럼 소중히 생각하기 때문이라고도 한다.

이러저러한 이유로 아이들이 똥을 좋아하기 때문에 똥을 통해 자존감을 되찾고, 똥을 통해 인체의 신비를 배우며, 똥을 통해 올바른 인성과 건강을 찾는다는 등 똥 관련 콘텐츠가 출판시장에는 넘쳐나게 된다. 현재까지 출판된 똥 관련 동화만 하더라도 아마 대형 서점에 '유아-똥 세션'을 따로 만들 수 있을 정도로 다양하다.

서론이 길었는데, 아내는 4살이 다 되도록 변을 못 가리는 막내가 걱정이었다. 이제 제법 말귀를 알아듣는 단계에 이르렀으므로 충분히 말로 설명하면 알아들으리라 생각했는데 뜻대로 되지 않기 때문이다. 그저 기저귀에 똥을 싸고 방긋 웃을 뿐이었다.

이미 3살 무렵 유아용 배변훈련 키트(벽에다 붙여넣을 수 있는 플라스틱 재질의 미니 소변대 + 아기용 변기 커버 세트)를 장만해서 설치해 놓았지만, 그저 놀이 도구 정도로 생각하고 있는 것 같았다. 아이들에게 배변을 가르치는 것은 강아지에게 같은 위치의 배변 매트에 볼일을 보게 하는 것과는 또 다른 차원의 문제다. 태어나서 처음으로 자신의 일정한 신체 패턴을 감지해 정해진 규칙에 따라 자신을 변화시켜야 하는 인생의 큰 변환점을 맞는 사건이기 때문이다.

어느 날 퇴근 후 집에 와보니 막내가 화장실에서 손을 흔들며 "똥, 아녕...(안녕)"이라고 말하며 자신의 똥을 변기에 흘려보내고 있었다. 마치 자신이 만들어 낸 위대한 창작물을 경제적 사정에 의해 경매로 넘겨야 했던 가난한 예술가가 작품에 고하는 마지막 작별 인사 같은 것이었다. 아내의 배변훈련이 성공했나

보다. 그날 이후, 막내는 기저귀를 차지 않았다.

그러고 보면, 인생이란 기저귀에서 벗어나는 과정과 같다. 평생을 기저귀라는 안전망 속에서 발버둥 치고 있으면 삶의 진전을 이루기 어렵다. 인생의 도약을 위해서는 과감히 기저귀를 벗기고, 유아용 팬티를 입히는 부모의 용기 같은 것이 필요한 것이다.

물론 오줌을 지리는 위험이 도사리고 있다. 추운 겨울 이불에 오줌을 싸 침대 커버 매트만 덮고 자는 불편을 겪을 수도 있다. 하지만, 우리는 용기를 내 삶의 팬티를 갈아입는다. 그 안에 내적인 성장이 있기 때문이다.

PS. 아이들이 정말로 똥을 좋아하는 건가? 사회가 똥을 좋아하게 강요하는 건가? 아직도 풀리지 않는 수수께끼다.

말장난

나는 기본적으로 말장난을 좋아한다. 특히 동음이의어를 사용한 언어유희나 운율과 각운을 이용한 말장난을 굉장히 즐기는 편이다. 예를 들면 "마그마는 내가 막으마"라든지, "얘들아 여기는 인천 앞바다가 아니고 인천 엄마다", 또는 "소나타는 소(가축)나 타"라고 하는 식의 유머를 말하는 것이다.

이는 80년대 참새 시리즈(총 맞은 참새와 살아 있는 참새의 다양한 대화로 구성된 유머 모음, 예-'A:내 몫까지 살아줘', 'B:떠날 때는 말 없이'), 90년대의 최불암 시리즈(당대 PC통신에 널리 퍼진 썰렁 유머를 집대성한 모음집)의 계보를 이어 현재는 '아재 개그'로 불리고 있는 전통식 허무 유머로 나는 아이들에게 하루에 몇 번이라도 이런 식으로 말을 건넨다.

아재 개그를 구사할 때 중요한 것은 상황과 대상에 따라 적합한 운율을 생각해 말하는 것이다. 예를 들면 딸에게는 "싫으면 시집가"라고 말할 수 있지만, 아들에게 "싫으면 장가가"라고 말할 경우 언어의 유희성을 잃게 되어 아재 개그로서의 가치는 떨어지게 된다.

마찬가지로 "이르면 일본놈" 대신 "이르면 미국놈"으로 말해 미 제국주의에 대한 거부감을 표하고 싶다 하더라도, 이는 운율이 맞지 않아 제대로 된 전통식 아재 개그라 할 수 없다.

본론으로 들어가서, 아내가 친구들과 약속이 있는 어느 초저녁이었다. 아내는 얘들 잘 보고, 저녁 식사는 냉동 볶음밥을 해 먹이라는 말을 남기고 문밖을 나섰다. 물론 나는 아이들과 함께 인형 놀이도 하고, 책도 읽어주고, 놀이터에서 미끄럼틀도 타며 시간을 보내고 싶은 마음이 굴뚝같았지만, 전날 야근으로 몹시 피곤했던 터라 나는 이때다 싶어서 아이들에게 TV를 틀어주고 꿀 같은 낮음을 실컷 잤다(이 글을 읽게 될 아내에게 말하자면 이건 절대 핑계가 아니다).

1시간쯤 지난 후 잠에서 깼는데 아직도 TV를 보고 있길래, "인제 그만 TV 꺼야지"라고 채린이에게 말했다. 그랬더니 정색을 하며 "싫어"라고 대답했다. 마치 친한 친구에게 빚보증을

서달라고 했을 때와 같은 매몰찬 거절의 '싫어'와 같은 느낌이 었기 때문에 적잖게 당황을 했는데, 나는 이내 침착함을 유지하며, "싫으면 시집가!"를 말한 뒤 TV를 꺼 버렸다.

그랬더니 채린이는 "TV 안 보여주면, 잠잤다고 엄마한테 이를 거야"라며 으름장을 놨다. '아니, 이 녀석이 어디서 이런 지혜가 생겼지?' 속으로 생각하면서도 이내 '후후, 어린애 따위한테 질 수 없지'하며 "일러라. 일러라. 일본놈! (음정 : 미미레 미미레 미솔솔)"을 외쳤다.

참고로 이것은 구전으로 전승된 우리나라의 대표적인 언어유희로, 지역에 따라 "일러라. 일러라. 일름보"등의 다양한 바레이션(variation)이 존재한다. 그랬더니 갑자기 채린이는 이렇게 응수했다. "싫은데 내가 왜, 얼마 줄 건데"(음정 : 미레미, 미레미 미레시레미).

나는 비록 두운이나 각운을 활용한 언어유희는 찾아볼 수 없어도 3·3·5조의 운율과 입에 착 달라붙는 음계를 가진 아이의 말장구에 깜짝 놀라고 말았다. 어디서 배웠냐고 묻자 초등학교 친구들이 말한다고 한다.

저녁 식사 후 가만히 생각해보니 이내 씁쓸한 생각이 든다. 언어유희란 자고로 당대의 시대상을 반영하고 있기 때문이다. '이르면 일본놈'은 일제 치하에 깊게 뿌리내린 사회의 반일 감정을 대변하며, '싫으면 시집가'는 근대 여성의 힘든 시집살이의 고충을 담고 있다.

따라서 사회의 개인주의화(싫은데 내가 왜)와 물질만능주의(얼마 줄 건데)의 팽배를 내포하고 있는 이런 류의 언어유희를 듣고 있자니 '참으로 삭막해진 시대에 아이들이 살고 있구나'라고 깨닫게 된 것이다. 이런 생각을 하고 있자니, 굳이 말장난이라는 명목으로 아이들에게 반일 감정을 부추기거나, 시집살이에 대한 공포를 조성할 필요가 있었나 하는 마음이 든다.

비슷하나 다른 것

겉은 많이 닮았으나 뼛속까지 다른 것들이 있다. 예를 들면 너도밤나무는 밤나무가 아니고 참나뭇과다. 물벼룩은 벼룩처럼 곤충이 아니라 갑각류이다. 커피의 원두는 콩이 아니다.

같은 맥락으로 이문구의 관촌수필은 수필이 아니고 소설이며, 김승옥의 단편소설 '서울, 1964년 겨울'은 1965년에 발표되었다. 참고로 시저 샐러드는 카이사르와 관계가 없으며, 대나무는 나무가 아니라 풀의 일종이다. 이어서 설명하자면, 수달과 해달은 다르고, 오실롯과 삵도 다르다. 미어캣과 프레리도그도 비슷한 외모를 가지고 있으나 엄연히 다른 종이다.

퇴근하고 집에 돌아오니, 마치 아프가니스탄 카불의 전장에서 총탄이 떨어져 서로 눈치를 보며 대치 중인 보병 부대의 긴장감이 맴돌고 있었는데, 아내 말로는 조금 전까지 엄청난 사건이 있었다고 한다.

들어보니 채린이(8세, 여, 서울 거주)와 채원이(4세, 남, 서울 거주)가 말다툼을 했다는 것이다. 아내는 마치 국회의 긴급 안건 상정에 대한 일괄 거부에 준하는 치열한 언쟁이 있었다는 듯이 매우 급하게 스토리가 진행되었음을 알려주었는데, 요약하자면 이렇다.

방충망에 무당벌레가 붙어 있었다. 채원이는 무당벌레라고 했고, 채린이는 무당벌레가 아니고 그냥 벌레라고 했다. 억울한 채원이는 계속 무당벌레를 외쳤고, 채린이 또한 뒤질세라 무당벌레가 아니라고 소리를 쳤다는 것이다. 이에 중재자로 나선 아내는 방충망에 붙어 있는 벌레 사진을 찍어 보여주며 이건 무당벌레이니 채린이는 동생에게 사과하라며 다그쳤다는 것이다. 이에 채린이는 억울하다고 소리를 치며 울었다고 한다. “이건 잎벌레야!”를 연신 외치면서 말이다.

곤충 책을 가지고 오더니, 생김새가 비슷하지만, 이것은 엄연한 잎벌레라고 설명했다는 것이다. 채린이의 설명에 의하면 잎벌레는 무당벌레와 비슷하게 등에 점박이 무늬가 있으나 더 듬이가 더 길다고 한다.

잎벌레는 나뭇잎을 갈아먹는 해충이고, 무당벌레는 잎벌레의 유충을 잡아먹기 때문에 해충 퇴치용으로 쓰이는 익충이라고 한다. 이과 같은 사실을 안 아내는 채린이에게 연신 미안하다고 사과할 수밖에 없었다고 한다.

최근 한 심리 상담사의 사설을 읽었는데 그는 이런 말을 했다. "대부분 부모가 어린 자녀에게 준 상처를 인정하고 사과하는 걸 거부하기에 부모에 대한 상처는 깊어질 수밖에 없다. 그리고 시간이 흘러서 뒤늦게 따지거나 사과를 받으려는 사람이 많다."

즉, 어린 자녀에게 있어 부모는 절대자이기에 부모가 잘못되었거나, 상처를 줬다는 것을 알면서도 그것을 극복할 내면의 힘이 없다는 것이다. 성인이 된 자녀는 심리적으로 부모에게 저항할 힘이 생겼다는 것을 확인하기 위해 부모에게 항의하거나 화를 내기 때문에 관계가 악화된다는 것이다.

물론 부모의 입장에서는 "뼈 빠지게 일해서 다 키워 놨더니, 뭐 하는 소리냐?"라고 반문할 수 있겠다. 이는 그동안 먹고 살기 바빠 자기 성찰과 자신의 행동을 뒤돌아볼 여력이 없이 시간이 무정히도 빨리 흘러버렸기 때문이다. 따라서 자식의 상처를 품어줄 여유도 없거니와 오히려 부모의 내면의 상태가 어린아이에 머물러 있는 것이다.

훗날 채린이가 4차 방정식의 인수분해 공식이나 시그마 연산 법칙을 물어보거나, 유기금속화합물의 화학식 구조에 대해 질문을 할지도 모르겠다. 부모가 지식의 한계를 드러낼 때 "흥, 아빠는 이것도 몰라?"라고 무시거나, 방문을 잠그고 자신의 내면 안에 갇혀 힘겨운 시간을 보낼 수도 있을 것이다.

부모가 자녀 앞에서 잘못했다고 인정하기가 쉽지 않다. 실패를 인정하고, 책임을 진다는 것의 무게는 인생의 무게 만큼이나 무겁기 때문이다. 부모가 먼저 자신의 상처로부터 자신을 돌보고 위로하고, 격려하며 '나'라는 존재를 온전히 받아들이는 훈련이 필요한 까닭일 것이다. 그것이 어른이 된다는 의미이다.
"채린아, 아빠가 잘못했다. 미안해."

PS. 최근 채린이가 자기 전에 헬렌 켈러의 스승인 앤 설리번과 안나 파블로바와 러시아 황실 발레단에 관해 이야기한다. '이 아이의 지식을 감내할 만한 시간이 얼마 남지 않았군. 뭐, 지식은 생겨도 경험을 따라올 수 없을 테니'라며 자위하며 잠자리에 들었다.

어린이날 선물

유아들이 가장 듣기 싫어하는 말이 무엇인 줄 아는가? 바로 '아가'라는 말이다. 막내에게 "아가, 이리 와"라고 이야기하면, 상당히 못마땅한 표정을 지으며 "난 아가 아니야, 채원이야…." 라고 심통을 낸다. 그리고 "그럼, 아가 아니지, 채원이는 어린이지"라고 말하면 이내 표정이 밝아진다.

사람은 생각보다 아주 어려서부터 자신의 존재 자각을 터득하는 것 같다. 3살 후반에서 4살 초반이 되면, 아이들은 자신의 아이덴터티를 명확하게 구분하고자 한다. 나와 타인을 분리해 독립적인 존재로 인식하게 되는 것이다.

내가 6살 때 갓 돌이 지나 담요에서 뒹굴고 있던 사촌 동생을 보고 이런 생각을 한 적이 있다. '뭐야, 이건 완전 아기잖아….' 당시 '나는 이런 아기와는 차별화된 성숙한 어린이'라는 자부심을 가지고 있었던 것이다.

아이들이 아가와 어린이에 상당히 민감히 반응한다는 사실을 깨닫고 '음, 그럼 몇 살부터가 어린이지?'라는 의문이 생겨 인터넷을 찾아봤는데, 어린이를 정의하는 것이 여간 어려운 일이 아니다. 환경 보건법에는 "13세 미만의 사람"(따라서 동물은 어린이가 아님)으로 정의하고 있고, 아동복지법에서는 "18세 미만"으로, 한부모가족지원법에서는 학교에 다니고 있으면 "22세 미만"으로 정의하고 있다.

물론 현재는 100세까지도 능히 살아갈 수 있는 첨단 의료가 발달한 시대이므로 '20세 정도면 아직 어린이지….'라는 인식이 가능할 수도 있겠지만, 상한선만 있고 하한선은 없는 어린이의 기준이 참 모호하다는 생각이 든다.

'뭐야, 20세가 넘어서 어린이날 선물을 사줘도 법적으로 문제가 없다는 말인가?'라는 의심을 하면서 나는 지금 어린이날 선물을 사러 가고 있다 (사실 어제 샀다. 사러 가면서 글을 쓸 수 없지 않은가?). 그렇다. 오늘은 어린이날 이야기.

어린아이들을 둔 부모의 입장에서 큰 고민 중의 하나는, '이번 추석에 부모님께 어떤 선물을 사드려야 하나?'라는 것과 '이번 어린이날에는 어느 것을 사줘야 하나?'가 있을 것이다.

물론 어린이날 선물을 사는 것은 크리스마스에 비하면 수월하다. 크리스마스야 마치 산타할아버지가 살아 있는 것처럼 연기해야 하니, 아이들이 원하는 선물을 미리 알아내고, 비밀리에 구입한 후 선물 포장을 하고, 아이들이 잘 때까지 기다렸다가 들키지 않게 선물을 머리맡에 놓아 두어야 하는 일련의 절차가 필요하지만, 어린이날은 대놓고, "원하는 것을 골라라"하면 되기 때문이다.

내 생일은 어린이날을 불과 며칠 앞둔 5월 3일이므로 어머님께서는 항상 생일에 어린이날 선물까지 한 번에 사주시곤 했다. 예를 들면, 생일에는 동네 문방구에서 원하는 장난감 2개를 선택할 권리를 줬다. 그런데 시간이 흘러 가정을 이루다 보니 아내 생일은 크리스마스 며칠 뒤인 12월 31일이고, 첫째 아이 생일은 1월 3일, 막내는 어린이날이 조금 지난 5월 10일이다.

따라서 의례적으로 선물을 사줘야 하는 시기와 생일 시기가 겹쳐버려 매번 무엇을 사야 하는지 고민을 하게 된다.

그렇다면 이런 경우 어떻게 선물을 해야 하는가? 내 경험에 의하면 선물 받는 시기가 어느 정도 겹친다고 한 번에 큰 선물 하나를 내밀며 퉁치려 하면 곤란하다. 이는 마치 회사에서 팀 예산 문제로 신규 입사자와 퇴사자의 환영식과 송별회를 같이

하게 될 때 “나는 비록 떠나지만, 여기는 좋은 회사니, 자네는 열심히 해보게”와 같은 어색함을 남기게 된다.

더욱이 아이들은 장난감의 가치를 떠나 쉽게 흥미를 잃어버리는 경향이 있으므로 아무리 좋은 장난감을 사줘도 손에 쥐고 노는 기간은 고작해야 500mL 우유의 유통기한 정도밖에 지나지 않는다. 또한, 아이들은 미리 선물을 미리 받는다고 하더라도, 막상 생일이 되면 “내 선물은?”이라는 식의 반응을 보기 때문에 부모로서는 적지 않은 당혹감을 느끼게 된다.

따라서 내가 내린 결론은 ‘작은 선물이라도 나누어 주라’라는 것이다. 나누어 선물을 사주면 ‘나는 많은 장난감을 선물로 받았다’라는 인식과 함께, ‘나는 이거 생일 선물로 받은 거야’라는 특별한 인식을 장난감에 부여하게 되어, 놀이의 유통기한 또한 길어진다(경제 사정이 넉넉한 집은 비싼 선물을 여러 번 사주는 것도 좋다).

잠

미국 수면 재단에 따르면 미취학 아동은 10~13시간, 취학 연령 아동은 9~11시간이 적정 수면 시간이라고 한다. 이 권장 시간은 생리학, 소아 과학, 신경학, 해부학 등 다양한 전문가들의 연구 결과라 하니 제법 신뢰가 있는 데이터로 볼 수 있겠다. 따라서 아이들이 이 정도 시간의 잠을 자지 않으면 신체발육, 신체능률, 건강 이상 등의 문제가 발생한다는 것이다.

한때 뉴스에서 한국 유아들이 수면 시간이 서양 아이들과 비교해 1시간이 부족하다며 호들갑을 떠는 기사를 본 적이 있는데, 이건 어디까지나 권장 사항이고, 미국 아이들의 기준이므로 나라별로 제법 편차가 존재할 수도 있다는 것이 나의 지론이다.

나를 포함한 대부분의 부모가 가장 골치 아픈 것 중의 하나는 바로 아이들을 적정한 시간에 재우는 것이다. 아이들을 적절한 시간대에 제대로 잠나라로 보내버리지 않으면, 육아에 지친 부모들에게도 상당한 스트레스로 작용한다.

따라서 내가 세운 기준은 이렇다. '아이들의 취침 시간은 밤 10시로 한다.' 하지만 "우리 집은 8:30에 재우는데요?" "우리 아이는 9시에 자요"라고 반문하는 부모들에게는 어쩔 수 없지만, 이 기준을 세운 이유는 방송 3사의 월화 드라마, 수목 드라마의 시작 시각이 10시기 때문이다.

육아를 하는 부모들에게 TV 드라마란 자고로 하루의 고단했던 삶을 위로받고, 육아에 찌들어 무뎌졌던 감수성을 일깨우며, 내일을 살아갈 활력을 얻는 중요한 요소이다. 따라서 드라마가 진행되는 1시간 10분 동안 만큼은 온전히 드라마에 집중할 수 있게 아이들을 사전에 재우는 것이 중요하다.

매일 정해진 시간, 원하는 시간에 아이들을 재우기란 마치 고양이에게 양변기 위에서 볼일을 보게 훈련하는 일만큼이나 어렵다. 아이들이란 에너지 보전의 법칙을 가볍게 무시하고 물리법칙의 한계를 뛰어넘어 영구기관(외부의 에너지를 받지 않고 영원히 일을 계속하는 가상의 기관)의 형식으로 존재하기 때문에 낮에 힘을 빼놓아 생체 배터리를 충분히 방전시켜 놓지 않으면 새벽 2시까지 아이들에게 시달려야 하는 고통이 뒤따른다.

문제는 도통 어떻게 아이들의 에너지양을 측정하고 예측하기가 쉽지 않다는 데 있다. 이전에 제주도에서 전기차를 타고 가다가 계기판의 전기량이 100에서 0으로 갑자기 떨어져 멈춰 선 적이 있었는데, 아이들의 에너지도 전혀 예상치 못한 타이밍에 예상치 못한 방식으로 방전돼 버리기 때문이다.

"그럼 어떻게 재우란 말이오?"라고 물어볼 초보 부모들을 위해 아이 재우기에 대한 내 노하우를 공유하자면 이렇다. 아이들에게는 '혼돈 속의 규칙'이라는 것이 존재한다. 즉, 아이들은 무엇이든 엉망으로 만들어 버리려는 습성이 있지만, 이를 관찰해 보면 미묘한 패턴같은 것이 존재한다는 얘기다.

예를 들어 자세히 들여다보면, 밥 먹다가 딴짓을 하거나, 일어나서 돌아다니는 경우, 7~8분 주기로 시작한다는 것을 알 수 있고, 손가락으로 밥알을 집어 왼쪽으로 돌린다는 것도 알 수 있다. 어찌 됐건 중요한 것은 생활 패턴을 인위적으로 조성을 하게 되면 10시에도 충분히 재울 수 있다는 것이다.

처음 아이들을 재우려고 할 때 가장 중요한 것은 인내심이다. 일찍 잠자리에 든다고 아이들이 잠잘 것이라는 기대는 하지 않는 것이 좋다. 내 경험에 의하면 아이들이 잠을 잘 때는 기본 1시간 정도의 부팅시간이 필요하다. 다시 말해 10시에 재우려고 한다면, 9시에는 같이 자리에 누워있어야 한다. 역산으로 계산해 본다면 늦어도 8시 30분까지는 식사를 마치고 9시 전까지 샤워 또한 마무리해야 한다.

9시부터 1시간 동안은 누어서 옛날이야기를 들려주거나, 하루 동안 있던 일을 이야기하고 30분 이상 뒤척이다 보면 어느 순간 방전된 배터리처럼 말이 없어진다. 그렇다면 성공한 것이다. 이제 여러분이 할 일은 아늑한 소파에 앉아 시원한 맥주를 한 손에 들고 설레는 마음으로 드라마의 시작 광고를 시청하는 일이다.

첫 번째가 주는 의미

나는 항상 5시 40분에 하계역에서 출발하는 첫 지하철을 타고 출근을 한다. 그런데 재미있는 것은 이 첫 지하철이 가장 많은 사람으로 붐빈다는 것이다. 마치 8시 정도에 볼 수 있는 러시아워가 이 시간대에 나타난다. 그리고 놀랍게도 첫 지하철 대부분 승객은 놀랍게도 비즈니스맨이나 일반 직장인들이 아닌 등산객들이라는 것이다.

7호선 끝자락에는 수락산역이 있다. 아마 이곳에서 매일 등산을 하고 첫차로 집에 돌아가는 것 같다. '그렇다면 저 등산객들은 무엇을 타고 수락산까지 갔을까?'하는 궁금점이 남았지만 이내 이런 생각을 떨쳐냈다.

첫 지하철을 타고 출근하기 전에는 '첫차는 사람이 없어 편하게 앉아서 갈 수 있을 것'이라고 생각했다. 그런데 역설적으로 사람이 없는 것은 첫차가 아닌 두 번째 지하철이다. 두 번째 차는 첫째에 비해 여유롭다.

첫 번째 차에 탄 사람들은 시간을 콘트롤하는 사람들일 것이다. 아마 전날 일찍 잠자리에 들고 알람에 맞춰 정확히 일어나 출근 준비를 마친 사람들일 것이다. 그래서 첫차는 목표가 있고 생기 있는 사람들로 가득 차 있다. 그들의 재빠른 걸음걸이에서도 그 뚜렷한 목적성을 느낄 수 있다.

첫 번째가 힘든 것은 비단 지하철을 타는 것뿐 아니라, 아이들을 키울 때도 마찬가지다. 첫째 아이를 기를 때는 태교라든가, 문화센터의 유아 교실을 등록한다든가 하는 식으로 온갖 신경을 다 쓰게 된다.

첫째를 양육한다는 것은 부모로서의 첫 경험이기 때문이다. 하지만 둘째 때부터는 상황이 달라진다. 우리 집 또한 어린이집에 보내버리고 거의 방목형 육아를 하고 있다. 무엇이든지 첫 번째로 시작하는 것은 큰 노력이 필요하다. 그러나 그 노력의 대가는 큰 가치를 가지고 있다.

첫차로 출근하는 사람들은 충분한 시간 확보라는 가치, 첫 아이를 기른다는 것은 첫 부모가 되는 내적 성장의 가치, 첫 제품을 만든다는 것은 잠시나마 시장을 독점할 수 있는 가치를 누린다. 첫 번째를 포기하고 잠깐의 편안함을 누릴 것인가, 아니면 첫 번째가 되기 위해 더 큰 노력을 할 것인가를 생각해보는 아침이다.

콜라

내가 처음 탄산음료를 접한 것은 11살이던 초등학교 4학년 때였고, 그것은 콜라였다. 당시 어린이에게 허용되는 음료는 고작, 대관령 우유(대관령 고원에서 자란 젖소로 만든 우유로 "야호, 나는 대관령이 좋아! 신선하고 깨끗한 우유!"라는 TV 광고로 유명했던 우유)와 델몬트 오렌지 주스(일명 따봉 주스)였던 시기였으므로, 콜라를 처음 접했을 때의 충격은 마치 록밴드 드래곤 포스의 기타리스트 허먼 리의 기타 속주를 들었을 때와 비슷했다.

참고로 이 '허먼 리'라는 기타리스트의 연주를 들었을 때 '뭐 이런 녀석이 다 있지?'할 정도로 모든 감정을 배제한 채 오로지

속도와 테크닉을 강조했기에 기타리스트라는 말보다 기타 기술자라는 말이 더 어울릴 만한 뮤지션이었다.

하여튼, 나는 용돈을 모아 직접 콜라를 사 먹었다. 마치 범죄자가 범죄 현장에 떨어진 단서를 숨기듯 티셔츠 안쪽에 콜라병을 숨겨서 방에 들어왔다. 방문을 걸어 잠그고, 콜라병을 따서 옷장에 넣어뒀다. 탄산이 너무 강해 탄산 김이 모두 달아갈 때까지 숙성시켜 놓은 후 마실 수밖에 없었기 때문이었다.

시간으로는 여름의 평일 낮 5시 정도로 이제 해가 뉘엿뉘엿 기울고 있었고, 첫 모금을 마시자 콜라의 카페인이 혈관에 서서히 그리고 깊숙이 스며들어와 초등학생의 노곤함을 달래고 있었다. 당시 나는 서구 문명의 총아와도 같은 이 코카콜라 로고를 보며 콜라를 마시는 행위가 마치 나 자신이 말론 브랜도나 제임스 딘이 되어 혼자 고독히 불가리아산 발칸 보드카를 홀짝이는 와일드한 사내의 낭만 정도로 생각했다.

장모님을 모시고 외식을 했다. 간단한 점심을 먹을 요량으로 햄버거집에 들어가서 몇 가지 햄버거와 아이들이 먹을 수 있는 치킨 몇 조각을 시켰다. 채원이가 콜라를 보더니, 목마르다고 아우성친다. 장모님은 1초의 망설임도 없이 콜라를 내주며 "목만 축여라"라고 하는 것이 아닌가? 맛을 본 채원이는 맛있다며 더 달라고 부추긴다.

난 순간 '응? 4살이면 콜라를 먹어도 괜찮나?'라는 의구심이 들었지만, 이런 생각도 한순간이고, '내가 시간과 노력을 들여 힘들게 먹은 콜라를 이 아이는 이렇게 손쉽게 먹어도 되는 건가?'라는 생각이 머리를 지배하고 있었다.

그 순간 나는 황제를 위해 자신이 공들여 작곡한 행진곡을 그 자리에서 힘 하나 들이지 않고 훨씬 낫게 편곡해 버린 모차르트에게서 시기와 질투를 느낀 살리에리의 마음을 이해할 수 있었다.

콜라를 벌컥 마셔대는 채원이를 보고, 아내는 메뉴에 있던 망고 에이드를 시키라고 한다. 아마 과일이 들어가서 보다 자연적이고 건강한 음료라고 생각했던 모양이다. 따라서 분부에 따라 망고 에이드를 시켰는데, 놀랍게도 카운터 앞에서 바로 망고 에이드의 제조과정을 목격할 수 있었다. 제조과정은 한번 보고, 외어 버릴 정도로 간단했는데, 마치 커피믹스로 아이스 커피를 만드는 것만큼이나 쉬어 보였다.

1, 얼음을 넣고 컵의 4/5까지 사이다를 붓는다. 냉장고에 있던 망고 퓌레를 한 스푼 떠서 넣는다. 3. 티스푼으로 잘 저으면 맛있는 망고 에이드 완성!

뭐, 간단해서 좋긴 하다만, 제조과정을 살펴보니, 사이다에 설탕 시럽을 잔뜩 끼얹은 이 망고 맛 에이드가 그리 건강에 좋아 보이지는 않는다.

아내는 이 2,500원짜리 패스트푸드점 망고 에이드를 마치 펙틴, 비타민, 섬유소가 풍부한 유기농 생과일주스에 준하는 맛과 영양을 부여하며 채원이게 마시게 하고 있었다. '뭐, 맛있게 먹으면 0칼로리라는 말도 있으니까….' 나는 이런 생각을 하며 남은 콜라 잔을 비웠다.

PS. 어린이 음료가 탄산음료보다 치아를 더욱 많이 훼손한다는 서울대학교 치의학 대학원의 연구 결과가 있다.

키즈 카페

아이들과 함께 키즈 카페에 갔다. 채린이(첫째 아이)가 이전부터 몇 번이고 가자고 졸랐는데 주말마다 돌아오는 가족 행사나 여러 약속 등으로 못 간다는 핑계를 대고 있었다. 오늘은 미안한 마음이 들어 아이들을 데리고 근처 키즈 카페에 가서 시간을 보내기로 한 것이다. 키즈 카페라는 곳은 아이들을 위해 만들어진 사용자 친화적인 장소 같지만, 사실은 기획부터 철저하게 부모 중심으로 만들어진 장소다.

외부 일반 놀이터는 상당한 잠재적 위험 요소를 안고 있다. 자동차라든지, 날아오는 돌멩이라든지, 다른 아이에 의해 갑자기 발생할 수 있는 부상 같은 돌발 상황 같은 것이 수시로 발생한다. 따라서 부모들은 아이에게 눈을 한시도 뗄 수가 없다.

하지만 키즈 카페는 상황이 다르다. 모든 놀이기구에는 안전장치가 되어있고, 충격을 흡수할 수 있는 가드가 설치되어 있다. 시설 사용 시간에도 제한을 두어 적절한 양의 수용 인원을 유지한다. 또한, 식사라든지, 커피 같은 음료도 판매해 부모들은 시간과 비용만 들이면 손쉽게 아이들을 돌볼 수 있다.

이용 시간은 기본 2시간으로 정해져 있어, "이제 놀이 시간이 끝나서 집에 가야 해"라고 말하며 더 놀고 싶은 아이들을 설득하기도 수월하다. 이런 모든 것이 주는 편안함 때문에 엄마들의 조리원 동기 모임이라든가, 엄마 친구들 모임에 빼놓을 수 없는 장소가 바로 이 키즈 카페다.

키즈 카페 안을 보니 어른들을 위한 휴식공간도 마련되어 있었다. 전신 안마 의자 두 대와 거의 반쯤 누워서 쉴 수 있는 소파형 의자 세 대가 보였다. 어제부터 어깨가 뻐근했는데 마침 안마 의자가 보이니 잠시 이용하고 싶어졌다. 하지만 이용해 보지는 못했다. 현금 천원이 없었기 때문이다. 편안함에 가치를 부여한 것이다.

우리는 살면서 편안함의 가치로 만들어진 수많은 비즈니스

모델을 보게 된다. 더욱더 편할수록 그 가치도 훨씬 올라간다. 편의점은 일반 마트보다 가격이 비싸고, 비행기의 퍼스트 클래스는 이코노미석보다 비싸다. 심지어 원터치 캔도 돌려 까는 일반 캔보다 더 큰 가치가 매겨진다.

한국소비자단체협의회에 따르면 배달 앱을 통한 주문액이 5조 원이 넘었다고 한다. 기업들은 사람들에게 편안함의 가치를 전달하기 위해 끊임없이 혁신하고 있다.

그러나 이러한 편안함이 오히려 불편함을 만들 수도 있다. 최근 아마존은 '아마존 고'라는 무인 매장을 통해 완벽히 자동화된 미래형 무인 상점 모델을 선보였고, 맥도날드에서 키오스크로 주문을 받는 것은 이제 일상이 되어버렸다. 월마트는 선반 스캐닝 로봇 시스템을 도입했다. 70%의 노동자가 인공지능으로 대체될 것이라고 한다. 하지만 '단순한 노동에서 자유를 준다'라는 생각은 노동자들에게 곧 불편함으로 연결될 영원한 자유를 가져다줄 것이다. 이는 신용카드의 편리함이 현금 천원이 없어 안마 의자를 사용할 수 없게 만든 불편함을 초래한 것과 비슷하다.

한 가지 생각해봐야 할 것은 '편안함'이라는 가치가 비즈니스가 아닌 '사람'과 연결될 때는 또 다른 결과를 가지고 온다는 것이다. 비즈니스에서와 마찬가지로 편안한 사람은 가치가 높다. 방송인 유재석을 생각해보면 쉽다. 편안한 사람은 주변을 밝게 하고 마음에 안정감을 준다. 사람들을 격려하고 위로한다. 따라서 이러한 사람들은 몸값이 높다. 가치가 높기 때문이다.

우리가 정말로 필요할 때 찾는 사람들은 결국 우리에게 편안함을 주는 사람들이다. 그리고 이런 평안함을 주는 사람들은 대부분 가장 가까운 친구나 가족처럼 매우 가까운 관계에 있는 사람들이다. 따라서 높은 가치의 사람들은 가까이 있어 우리가 깨닫지 못하는 순간 존재한다.

몇 주 후 아이들과 다시 키즈 카페에 오기로 했다. 소중한 순간은 금방 지나가 버리기 때문이다.

4장

볶음밥과 시리얼

교육

교육을 주제로 한 영화 중 내가 인상 깊게 본 두 편을 뽑자면 마크 L. 레스터 감독의 '폭력 교실 1999'와 존 N 스미스 감독의 '위험한 아이들'이다. 두 영화 다 90년대 초, 중반에 개봉되어 관객들의 이목을 끌었고 학교의 문제아들을 교사가 어떻게 대처하는가에 대한 관점으로 그려졌다는 점에서 비슷하다고 볼 수 있다.

물론 '폭력 교실 1999'는 킬링타임용 B급 공포 SF영화로 평가되었고, '위험한 아이들'은 미셸 파이퍼의 연기 호평과 함께 꽤 괜찮은 성장 드라마라는 엇갈린 평을 받긴 했지만 말이다.

먼저 '폭력 교실 1999'를 살펴보면 미국 학교 폭력이 만연한 한 고등학교에 사이보그 선생님들이 파견되어 아이들을 제압해 버린다는 내용이다. 사실 영화의 학생들은 상식적으로 이해할 수 있는 단순한 학교 일진들이 아니라 거의 갱단 수준의 폭력배로 그려지고 있다.

물론 선생님들도 정상적인 생각의 범주를 넘어서는 처벌로 맞대응하고 있다. 예를 들면 교내에서 싸우는 학생의 볼기짝을 쌍코피가 터질 때까지 때린다든지, 지각한 학생의 목을 분지르고 턱을 가루로 만들어 버리는 식이다.

'위험한 아이들' 또한 학교에서 가장 심각한 문제아들만 모아둔 고등학교 특수반을 배경으로 한다. 선생님에게 폭력과 폭언을 일삼으며 수많은 교사를 집으로 돌려보낸 이력이 있는 이 아카데미 클래스(문제아 학급)의 아이들은 학교건, 학부모건 그 누구도 감히 건들지 못하고, 방치된 집단이었다. 그러다가 해병대 장교 출신 풋내기 교사 루앤 존슨이 부임하게 되고 첫날부터 아이들에게 온갖 무시와 조롱을 당한다.

하지만 그녀가 선택한 방식은 무력 제압이 아닌 아이들의 수준에 맞게 교육 방식을 바꾸고 이들이 자신을 포기하지 않게 용기를 북돋아 주는 것이었다.

최근 채린이에게 체벌을 가한 적이 있다. 몇 주간 방 청소를 하라고 타일렀는데 안 해서 결국 내 인내심이 폭발하고 만 것이다. 우리 집은 육아에 있어 업무 분담이 확실한 편이라 집안의 모든 청소를 내가 담당하고 있다.

매일 저녁 전쟁터 같은 아이 방을 치우며 정리 정돈의 중요성을 강조했지만, 도무지 진전이 없었다. 때마침 회사와 원고 마감 등 여러 가지 스트레스가 겹치면서 "동생이 어지른 것을 내가 왜 청소해야 하는데?"라는 아이의 거센 항변에 그만 본의 아니게 화를 내며 체벌을 하고 만 것이다.

그렇다고 회초리로 때린 것은 아니고 베란다에 나가 무엇을 잘못했는지 생각하고 있으라고 했다. 그러고서는 가만히 생각해보니 말대답에 화가 났긴 했지만, 초등학생 1학년 치고는 너무 논리 정연하게 반박을 하니 뭐라고 항변해야 할지 몰랐던 것이다.

나는 소파에 몸을 기대고 골똘히 생각했다. 그리고는 몇 분 안에 아이를 혼낼 논리적 근거를 마련했는데 다음과 같다.

너도 어렸을 때 방을 어질렀다. → 하지만 내가 치웠다. → 너무 어려서 청소를 못 했기 때문이다. → 동생이 어질렀다. → 동생은 너무 어려서 청소를 못 한다. → 그러니 네가 청소를 해야 한다. → 왜냐면 가족은 서로 도와주는 거니까.

이 논리는 좀 더 포괄적인 의미로 보면 대한민국의 정통 훈육방식인 '연대 책임 이론'으로 설명할 수 있다. 지금은 시대가 변했지만, 80년대까지만 해도 형이 잘못하면 동생도 같이 불러서 때린다거나, 동생이 잘못하면 형을 불러서 얼차려를 주는 가정이 빈번히 있었다. 물론 학교에서도 마찬가지다. 어느 한 분단이 수업 시간에 떠들면 학급 전체가 벌을 받는 일도 있고, 야간 자율학습 시간에 졸다가 걸리면 반 전체가 복도에 나가든지, 반 평균 성적이 낮아서 매타작을 맞는 일은 학교에서 흔히 일어나는 훈육이었다.

나는 바로 채린이를 불러서 왜 혼나는지 알고 있느냐 물었다. 당연히 알 턱이 없었다. 나도 겨우 말로 설명할 수 있는 논리를 생각해 냈으니 말이다. 베란다에서 혼자 씩씩거리며 분노를 표출하고 있는 것은 당연한 일이었다. 일단 이 상황을 종료해야 했으므로, 내가 생각한 것을 설명해주고 억지 사과를 받아낸 후 악수의 화해와 포옹으로 이번 사건을 마무리했다.

난 이 사건을 계기로 한 가지 교훈을 얻을 수 있었는데 바로 '무슨 일이 있어도 절대 체벌은 하지 말자. 아이의 눈높이에서 이해를 시켜야 한다'라는 것이다. 아이에게 체벌해본 부모는 알겠지만, 아이를 혼낸다는 것은 결코 즐거운 경험이 아니다.

순간적인 분노의 표출을 통해 일시적인 감정의 해소를 경험할 수도 있겠지만, 아이의 감정을 상하게 했다는 죄책감을 느껴야 하고, 감정의 먹이 사슬에서 최약자로 존재하는 아이는 자신의 마음을 표현하지 못해 정서적인 문제가 생길 수도 있기 때문이다.

이런 면에서 볼 때 영화 '위험한 아이들'의 교사 루앤 존슨이 보여준 가르침은 우리에게 큰 여운을 준다. 이것은 즉각적인 체벌이 아니라, 시간이 걸려도 아이의 행동을 이해하려고 노력하고 진정성 있게 다가갔던 애정 어린 훈육의 힘일 것이다.

'폭력 교실 1999'는 학생들이 사이보그 교사들을 모두 파괴하는 것으로 영화를 마무리한다. 하지만, '위험한 아이들'의 학생들은 시간이 흐를수록 서서히 마음을 열고 변화의 준비를 마친다. 그리고 영화의 마지막은 학생들의 성장뿐 아니라, 학생들로 인해 더욱 성숙해진 한 교사의 모습을 그리고 있다. 부모가 생각해봐야 할 아이들의 교육도 이와 다르지 않을 것이다.

닫힌 문

아마 대부분은 모를 수도 있겠지만, 매년 인형뽑기 기계 안에 아이들이 들어가 갇히는 사고가 일어난다. 사는 곳도 다르고 나이도 다르지만, 이들은 인형 뽑기의 상품이 갖고 싶어 스스로 몸을 구겨서 입구로 들어갔다가 나오지 못하는 사고를 당하는 것이다.

나는 매번 이런 사고가 있을 마다 유심하게 뉴스 기사를 살펴보는데, 전 세계 아이들이 비슷한 생각을 하고 동일한 사고를 겪는 것이 신기했기 때문이다.

미국 펜실베이니아주 장난감 백화점에서는 2살 아이가 들어갔고, 오리건주에서는 6살짜리 아이가 들어갔으며, 런던 소프파크에 있는 기계에는 5살짜리가 들어갔다. 물론 우리나라도 예외는 아니다. 노원 당고개에 있는 기계에는 9살짜리가 들어가서 구조되었고, 경기도 하남시에서는 무려 10살짜리 어린이가 119에 의해 구조되는 사건이 일어났다. 물론 기계에 기어들어 간 이유는 단 하나 '인형 뽑기 상품이 갖고 싶어서'였다.

인형이 탐났던 것은 아니지만, 나도 최근 비좁은 공간에 갇힌 적이 있다. 러시아에 출장을 갔다가 회사 건물에 갇히게 된 것이다. 러시아에 가서 놀랐던 것 중 하나는 굉장히 젊은 미녀가 화장실 청소부를 하고 있다는 것이다.

김태희가 밭을 매고 한가인이 소를 몰고 있다는 우크라이나 정도까지는 아니지만, 러시아는 적어도 내가 가본 북미나 유럽권을 통틀어 미인들이 가장 많은 나라임은 확실한 것 같다. 그런데 문제는 이 미녀들이 화장실 청소를 너무 자주 한다는 것이다.

나는 아주 급작스러운 신호 때문에 겪을 수 있는 당황스러운 상황을 모면하기 위해 용변을 미리 보는 스타일이라 적당히 시간이 되면 '음, 슬슬 화장실이나 가볼까?'하고 바로 실행한다. 그런데 이상하게도 화장실에 갈 때마다 "청소 중, 들어오지 마시오"라는 경고 팻말이 붙어 있어서 도통 들어갈 수가 없었다.

따라서 '이 건물에 화장실이 이거 하나뿐이랴?' 하며 과감히 다른 화장실을 찾아 나서기로 했는데, 화장실은 정말 하나뿐이었다. 이런 사실을 모른 채 엘리베이터를 타고 적당히 지하층으로 내려갔다. 건물이 주상복합상가의 형식이었기 때문에 지하에는 여러 상점이 입주해 있는 것을 알았기 때문이다.

엘리베이터를 내려보니 눈앞에 보이는 마치 핵 방공호의 입구를 막아 놓은 듯이 보이는 단단한 철문이 있었다. 철문을 열어 보니 사방이 막혀 있었다. 엘리베이터는 더는 사용이 불가능했다. 누르는 버튼 대신 자물쇠 구멍만 존재하는 One way 방식이었다. 마치 2차 세계대전 당시 스탈린이 독일의 공습을 대비하기 위해 만들어 놓은 지하 벙커로 가는 연결 통로 같았다.

지하로 내려가는 계단과 위로 올라가는 계단이 동시에 존재했는데, 출구로 통하는 문은 모두 굳게 잠겨 있었다. 수중에 휴대폰은 없었다. 갑자기 호흡이 가빠졌다. 인형 뽑기 안의 아이들이 생각났다.

순간 러시아 모스크바의 변방의 건물 지하에서 이대로 생을 마감할 수도 있다는 생각이 들었다. 다음 날이면 러시아 미녀 청소부에 의해 발견되어 지역신문에 "한국인 의문의 사망"이라는 기사가 1면을 장식할 수도 있겠다. 한국의 화장실 청소 아주머니가 생각났다. 아무 때나, 어디서나 거침없이 화장실에 들어와서 변기에 앉아있든, 서서 오줌을 누든, 아무런 예고 없이 다리 사이로 대걸레로 쓱 내밀던 와일드한 한국 청소부 아주머니들이 그리워졌다.

문을 두드려 보고, 소리를 질러보고, 벽을 더듬어 보았다. 그러다가 우연히 숨은그림찾기의 단골 메뉴인 삼각자를 찾아내듯 벽면 모서리에 숨어 있는 동그란 버튼을 찾아냈다. 이것은 별다른 형체가 없이 그냥 누를 수 있는 동그란 버튼이었기에 혹시나 하고 내가 알고 있는 유일한 모스 부호인 SOS를 입력했다. "· · · - - - · · · (돈돈돈 쯔쯔쯔 돈돈돈)"(사실 헷갈려서 SOS대신 OSO를 입력한 것 같기도 하다).

잠시 후 러시아 말로 이상한 소리가 들렸다. 버튼 안에 작은 스피커가 달려 있는 듯했다. "여기는 알파, 카파 델, 목표가 이동 중이다. 긴급 근접 공중 지원 요청한다. 라져!" 러시아 특수작전 부대 스페츠나츠의 대원의 다급한 목소리가 들렸다.

사실 이건 거짓말이다. 알아들을 수 없지만, "땋숲캇타 모노스키?, 따라쓰타 스키!"(너 거기서 뭐하냐? 얼른 나와라!)라고 말하는듯한 어감이었다. 나는 "Help me!"를 연신 외쳐댔다. 그랬더니, "뚜~"하는 소리와 함께 문이 열렸고, 눈앞에 마법처럼 평화로운 쇼핑몰의 광경이 눈앞에 펼쳐졌다. 쇼핑몰은 러시아 가족들의 행복한 웃음소리 가득 차 있었다.

호흡을 가다듬고 사무실로 올라갔다. 시간을 보니 30분 정도 흐른 모양이다. 화장실은 아직도 점검 중이고, 회사 직원들은 아무렇지 않다는 듯 제 할 일에 몰두하고 있었다.

한국에 돌아왔다. 며칠 후 채린이는 책을 읽는데 동생이 시끄럽게 한다며 방문을 잠가 버렸다. 나는 잠시 깊은 생각에 잠겼다. 우리는 저마다의 이유로 자신을 스스로 가둬버린다. 그러나 때로 그곳에서 나오기 위해서는 누군가의 도움을 필요로 한다. 나는 방문을 살며시 열고 이렇게 이야 했다.

"채린아, 인형 뽑기 기계에 들어가면 안 된다…."

말주변

딸은 아빠를 닮는다는 속설이 있다. 특히 첫딸의 경우에는 말이다. 방송프로그램에 등장하는 남자 연예인이나 스포츠 스타들도 유독 '딸 바보'라는 말을 자청하며 딸이 자신을 닮았다는 이야기를 자주 한다.

나는 호기심이 왕성하고 과학적 데이터를 비교적 신뢰하는 편이라 시간이 나면 종종 이런저런 학술자료를 찾아보는데 실제로 "첫 딸은 아빠를 닮는다"라는 과학 이론이 국제 학술지에 발표되었다.

영국 세인트 앤드루스 대학 엘리자베스 콘웰 교수는 '외모와 매력'에 대한 연구를 진행하면서 "부모의 외모가 유전적으로 아들에게 연결되지 않을 가능성이 크다"라고 말하면서 "남성은 여성의 외모를 보는 비중이 높지만, 여성은 외모가 아닌 다양한 기준으로 배우자를 선택하기 때문"이라고 설명했다. 즉, 딸은 아들보다 아빠나 엄마의 외모, 즉 부모 생김새의 매력적인 요소를 유전적으로 물려받을 확률이 높다는 것이다.

하지만 모든 이론에는 예외 규칙이 있기 마련, 채린이는 내가 아닌 엄마를 쏙 빼닮았다. 급하고 예민한 성격, 느릿느릿 밥 한 숟가락 뜨고 한 시간을 씹어먹는 식습관, 논리적이고 똑 부러진 말투, 고양이 손이라도 빌리기 바쁠 정도의 분란함 등 거의 모든 면에서 아내를 닮았다.

반면 막내 채원이는 나를 닮았다. 캘리포니아 농부 같은 느긋함과 찰리 채플린의 무성 영화를 보는 듯한 과묵함, 그리고 자기 전에 찬물을 마시고 소처럼 배부르게 먹고 누워서 뒹구는 모습까지 닮았다(이건 정말이지 내가 가르치지도 않았다).

이런 성격의 차이는 말, 즉 언어의 사용과 활용적인 측면에서도 다르다. 채린이는 태어나면서 지금까지 잘 때 빼고는 입을 다문 적이 없다. 옹알이할 때도 마치 인도양 안다만 제도의 고유 언어인 보(Bo)를 구사하듯 언어의 형식과 비슷하게 옹알거렸다.

지금도 눈을 뜨면 혼잣말을 시작해서 자는 순간까지 말을 한다(심지어 잠을 자면서도 말을 한다). 때로 회사의 회의 석상에 서거나 유명 연사의 강연을 볼 때면 어김없이 능수능란한 언변으로 위기를 모면하거나, 성과를 만들어 내거나, 관중의 감정을 좌지우지하는 타고난 달변가들을 만나는데 이것이 정말 타고난 것이라 확신을 하게 한 것이 바로 채린이다.

나는 기본적으로 말수가 적은 편이다. 오노레 드 발자크, 존 그린, 조앤 롤링 등 대부분의 유명 작가들이 그렇듯(그렇다고 내가 유명 작가라는 뜻은 아니지만). 자고로 작가란 관념이나 의식으로 존재하는 사고의 흐름을 입을 통해 허공으로 떠내려 보내기보다 마치 조심스럽게 도미노 한 조각을 올리듯 서서히 형상으로 가시화하는 사람이다.

즉, 내면에 응축된 에너지를 원천으로 보이지 않는 생각과 통찰을 구조화하여 언어라는 패턴으로 만들어 내는 것이다. 따라서 조용히 침묵을 지키며 스쳐 지나가는 생각과 특별한 순간을 잘 보존하는 것이 중요하다. 주저리주저리 말이 많았는데, 한마디로 말하자면 그냥 내가 말을 잘못한다는 것이다.

놀랍게도 채원이는 이런 성격까지 날 닮아 버렸다. 조용히 침묵을 지키고 있다가 네 살이 되어 갑자기 말을 하기 시작했다. 무라카미 하루키는 1978년 야쿠르트와 히로시마와의 경기를 도쿄 메이지 진구 야구장에서 보던 중, 외국인 선수였던 데이브

힐튼 선수가 2루타를 치는 순간 소설을 써야겠다고 생각했다는데, 채원이는 “2019년 곤충 대백과 27페이지의 매미 그림을 보는 순간 말을 하기로 결심했죠”라고 말했다. 물론, 이건 거짓말이고 마음속으로는 이와 같은 생각을 할 수도 있겠다.

말주변 때문에 곤욕을 치러온 내 삶을 되돌아보건대 채원이는 말 때문에 얻는 유익보다 잃는 것이 더 많을 수도 있을 것이다. 수업 시간에 조용히 침묵을 지키고, 토론 자리에는 살그머니 빠지고, 면접에서 당황하며 버벅대는 모습을 닮지 않았으면 좋으련만. 좋은 모습만 담기 원하는 것은 어느 부모나 같은 마음일 것이다.

볶음밥

나는 기본적으로 볶은 요리를 상당히 좋아한다. 심지어 맨 밥을 볶기만 해도 상당히 맛있다고 생각하고 있으므로 어떤 음식이든 일단 볶기만 하면 오케이다. 자반, 새우, 멸치볶음은 말할 것도 없고, 습열 볶음 삼총사로 불리는 '오징어 볶음', '낙지 볶음', '제육볶음'은 내가 손에 꼽는 음식이다. 고추장도 볶아야 제맛이고, 양파나 양배추도 볶기만 하면 훌륭한 밑반찬이 된다.

하지만, 수많은 볶음 요리 중에도 내가 가장 좋아하는 요리는 단연 볶음밥이다. 얼마나 좋아하는가 하면 볶음밥에는 찬밥이 정석이지만, 찬밥이 없으면 볶음밥을 위해 밥을 새로 지어 식인 후 다시 볶음밥을 만들어 먹는 정성이 아쉽지 않을 정도로 좋아한다. 중국집에 가서도 음식이 맛없을 경우를 대비해 보험용으로 볶음밥을 추가로 시켜둔다.

볶음밥이야말로 동서고금 막론하고 어느 시대와 사회에서도 수용되는 유일한 음식이라고 생각한다. 쌀 음식 중에서도 유독 서양인들도 즐겨 먹는 것이 바로 볶음밥이다.

미국이나 유럽 등지의 동양 음식점에는 테이크 아웃 음식으로 보편화 되어있고 별도의 도구가 필요 없이 숟가락으로 따스하고 고소한 볶음밥을 훌훌 떠먹기만 하면 되는 편리함 때문일 것이다.

또한, 볶음밥은 무엇을 섞냐에 따라 무궁무진한 맛을 창조할 수 있어서 음식을 통해 지역적 특색과 문화를 담아내기 적합하다(나는 심지어 그 집의 볶음밥을 보면 그 집안의 수준을 알 수 있다고 생각한다).

내가 가장 이상적으로 생각하는 볶음밥은 흔히 안남미로 불리는 인디카 쌀에 계란과 잘게 썬 햄이 들어간 볶음밥을 간장소스로 맛을 낸 것으로 내가 대학 시절부터 줄곧 혼자 해 먹었던 스타일의 볶음밥이다. 맛이나 모양으로 보면 차오판이라고 불리는 중국식 볶음밥과 태국 카오팟의 중간 정도의 바리에이션이라고 생각하면 된다.

결혼해서도 줄곧 혼자 볶음밥을 해 먹었는데, 이는 아내에게서 볶음밥을 얻어먹기가 쉽지 않았기 때문이다. 볶음밥은 조리 과정에서 수많은 설거지 더미를 만들어 내고 사방에 기름을 튀기 때문에 뒤처리가 곤란하다는 이유에서였다(사실 이 부분은 나도 일부 인정을 하는데 볶음밥을 만들기 위해서는 칼, 도마 등 도구를 사용해 식자재를 다듬고 손질한 재료를 별도의 용기에 따로 담는 과정에서 생각보다 많은 양의 설거짓거리를 만들어 낸다).

그런데도 나는 꾸준히, 특히 주말이면 늦잠 자는 아내를 대신해 아이들에게 볶음밥을 만들어 줬다. 마치 미국의 가정들이 가족의 전통적인 관습과 가정을 꾸며 가는 예절을 세우기 위해 노력하는 것처럼 나는 주말 아침 계란 볶음밥을 먹는 것을 통해 가정의 전통을 세우고자 했다.

무엇보다 채소를 잘 먹지 않는 아이들에게 균형 있는 영양소를 섭취시키기 위해 볶음밥은 필연적이라고 생각했다. 볶음밥은 당근, 우엉 등 제아무리 맛없는 채소라도 잘게 썰리고 볶아지는 과정을 통해 특유의 맛없는 식감과 향은 사라지고 고소 짭조름한 토핑으로만 존재하게 된다.

따라서 채소를 산산조각 내듯 잘게 썰고 아이들이 좋아하는 햄을 큼지막하게 숭숭 썰어 넣으면 아이들의 뇌는 채소를 그저 햄의 부속물 정도로 인식하고 아무런 거부반응 없이 채소를 온전히 받아드리게 되는 것이다.

즉, 자라나는 아이들에게는 균형 잡힌 영양식이요, 자취생에게는 간단하지만 맛있는 요리요, 바쁜 직장인에게는 든든한 한 끼 식사인 것이다. 이번 주말에 아이들과 함께 볶음밥 한번 드셔보시길.

PS. 지난 주말에는 쌀이 떨어져 마트에서 사 온 냉동 새우 볶음밥을 만들어 먹어 먹었는데, 아이들이 칵테일 새우만 골라 먹고 채소는 죄다 남겼다.

분류

모처럼 휴가를 내서 집에서 쉬려고 했는데, 때마침 장모님과 아내가 남대문을 가기로 약속한 날이었다. 나 또한 '오랜만에 시장 구경이나 할까?' 하며 같이 따라가게 되었는데 주목적은 아이들의 의류 구매였다.

장모님과 아내는 가끔 남대문에서 쇼핑하며 시장의 유명 맛집에서 식사한다는 것을 알고 있었기 때문에 나의 주목적은 시장의 맛집 탐험에 있었다.

지하철을 타고 회현역에 내리니 두 사람은 뒤 한번 돌아보지도 않고 일사천리로 개찰구로 빠져나가 계단을 올랐다. 주변의 경관이나 경치를 살펴볼 겨를도 주지 않는 굉장한 속도의 목적 지향적 발걸음이었다.

마치 아름다운 자연경관이 생업의 일상이 되어버린 관광 가이드가 제시간에 맞게 다음 목적지까지 이동하기 위한 분주한 발걸음과 닮았다. 숨돌리기 바쁘게 쫓아간 장소는 도깨비 수입상가였다.

도깨비 상가는 수입상가라는 명목에 맞게 모든 가게가 다양한 수입 브랜드를 취급하고 있었는데, 단돈 2만 원에서 3만 원이면 세상의 거의 모든 명품 브랜드를 구입할 수 있는 놀라운 곳이었다.

"어머니, 너무 멋있어. 우리는 딱 보면 알지"라며 상인들이 제품을 권유하고 있었는데 뒤를 돌아보니 장모님께서 '디올' 신상 바지의 가격을 흥정하고 있었다. 장모님과 아내가 옷을 고르는 동안 혼자 상가를 쭉 둘러보다 한 가지 재미있는 것을 발견했는데 가게마다 옷에 붙여 놓은 팻말을 통해 저마다의 특색과 나름의 아이덴터티를 확인할 수 있다는 것이다.

예를 들면 어떤 가게는 '우리는 이탈리아산 명품 브랜드만 취급한다'라는 식으로 팻말에 '에뜨로', '마르니', '막스마라', '

구찌'가 걸려 있고, 어떤 집은 '우리는 프랑스 브랜드 전문이야'라는 식으로 '에르메스', '디올', '시슬리'라는 팻말이 붙어 있다.

유명 디자이너의 컬렉션 샵 콘셉트의 가게도 꽤 있었는데 몇 바퀴 돌고 나니 도깨비 수입상가가 사랑하는 디자이너는 여성성과 고급스러움을 강조하는 손정완이라는 것을 알게 되었다. 개중에는 브랜드가 아닌 철저히 기능성 위주로 제품을 분류해 놓은 곳도 있다. 예를 들면 '항아리', '쿨바지', '마바지'라는 식의 타이틀로 구분해 놓은 가게들이다.

하지만 아동복 상가의 경우는 확실히 다르다. 아동복에도 가게 나름의 콘셉트가 있고 상인들마다 추구하는 제품들이 있지만, 눈 씻고 찾아봐도 브랜드를 강조하는 가게는 없다. 아주 공평하고 평화롭게 '오천 원 균일가'라든지 '만원'이라는 식의 가격만 붙어 있을 뿐이다. 가게 간의 경쟁도 없다. 그저 사이즈가 있으면 가져가고 없으면 옆 가게로 옮기면 그만이다.

고객들도 당최 합리적인 소비를 위해 남대문 시장까지 먼 길을 와서 현금으로 옷을 사려는 엄마들이니 신속하게 옷을 고르고 값을 지불하고 자리를 떠난다.

우리는 아이들의 한철 입을 옷을 두세 봉지씩 가득 사서 왔다. 최근 패션에 민감해져 카봇 반소매 티가 아니면 입기를 거부하는 막내는 옷 무더기를 보더니 방긋 미소를 지어 보인다.

장모님과 아내는 "어이구, 역시 회색이 잘 받네. 바지 재질 좀 봐라! 시원하겠다"라는 대사를 연거푸 말하며 아이들에게 모든 옷을 입혀보고 만족스러워했다. 아이도 신이나 춤을 추기 시작했다.

샤워와 꽁꽁주 공주

대부분 부부들이 그렇듯, 우리 집 또한 가사의 역할이 나누어져 있는데, 내가 맡은 일은 청소(바닥 청소, 물건 정리, 화장실 청소, 애들 방 청소), 아이들 손톱깍이기, 빨래(내 옷 한정), 분리수거 등의 일이다.

내가 가사 일을 돕는 이유는 퇴근이 늦은 나보다 아내가 아이들과 보내는 시간이 많아서 육아 스트레스에 대한 고통을 분담하기 위함이다. 내가 하는 역할 중에 중요한 것 중 하나는 바로 아이들을 씻기는 일이다.

나는 아이들이 아주 갓난아이 시절부터 샤워를 도맡아 시켰으므로 발달 시기와 성향에 따른 샤워법을 스스로 터득하게 되었다. 먼저 아이들이 너무 어린 시절에는 샤워하는 것을 아주 싫어한다.

기본적으로 물을 무서워하는 경향이 있는데 샤워기가 물 뿜는 소리를 무서워하거나, 눈에 물이 들어갈까 봐 두렵기 때문이다. 따라서 이 시기에는 우주선 모양의 샤워캡을 씌어 눈에 물이 들어가는 것을 피해야 한다. 물론 이 샤워 모자를 씌우기조차 쉽지는 않다.

따라서 아이들이 흥미를 느낄 수 있도록 스토리텔링 전략이 필요하다. 일명 '우주에서 온 물방울과 마법사의 모자'라든가, '비행접시와 우주인의 눈물' 등 다양한 스토리를 들려주며 머리에 씌우는 형식이다. 물론 머리에 샤워캡을 씌었다 할지라도 샤워기의 물이 뿜어지는 동안 또다시 발버둥을 치며 소리를 지르기 때문에 쉽지 않다.

따라서 바로 또 다른 이야기를 통해 상황을 전환하거나 주의를 분산시키는 노력이 필요하다. 꼬마버스 타요의 캐릭터인 스피드(포르쉐를 연상시키는 빨간색 스포츠카)와 샤인(노란색 컨버터블 카로 스피드와 속도 경쟁을 하다가 문제를 일으키곤 함)의 에피소드를 변형시켜 들려주면서 빠른 속도로 샤워가 끝날 것임을 암시한다든지 하는 이야기를 들려준다.

아이들이 좀 더 자라고 나서는 흥미진진한 장편 동화를 들려주고 있다. 채린이가 5살 때부터 지금까지 듣고 있는 이야기는 '꽁꽁주 공주' 이야기이다. 이것은 내가 겨울왕국을 감명 깊게 보고 모티브를 따와서 만든 연작물로 주요 스토리는 꽁꽁 나라에 사는 꽁(성) 꽁주(이름) 공주가 꽁치를 찾아 떠나는 모험 이야기를 그린 것이다.

하지만 꽁치를 찾아 떠나는 모험에 종잡을 수 없는 스토리 전개와 다양한 악당을 등장시켜 손에 땀을 쥐고 흥미진진하게 들을 수 있는 이야기이다. 따라서 아이들은 샤워 시간만을 기다리며 이 꽁꽁주 공주 이야기를 들으려고 한다.

이야기의 프레임은 '꽁치 통조림을 만들기 위해 꽁치를 찾으러 떠난다'라는 주제를 벗어나지 않지만, 내가 주워들은 다양한 동유럽 동화, 구전 설화, 도시 전설 등의 이야기를 믹스 앤 매치시켜 수백 가지의 바레이션이 존재하는 엔드리스(endless) 이야기이다. 여기에 내가 직접 작곡한 '더 꽁주' 테마송을 들려주며(오프닝, 엔딩 송 모두 존재한다) 기대감을 더한다.

여기서 잠깐 꽁꽁주 공주 주제가를 기타 반주에 맞춰 불러보자.

G G G G C D D C G
꽁주, 꽁주 꽁꽁주 꽁주, 그의 친구 세바시찬~ 그의 친구 세바스찬~

이 주제가는 요즘 들어 샤워할 때 큰 역할을 하고 있는데 창의력의 한계 때문에 이야기가 풀리지 않는 날이면, 샤워가 끝날 때까지 오프닝 주제가만 늘어지게 부르다가(4절까지 있다) 샤워기를 잠그고 "다음 이 시간에!"를 외치며 들어가면 되는 것이다.

물론 이런 경우 아이들은 소리 지르며 이야기를 해달라고 난리 블루스를 친다(실제로 호들갑을 떨며 춤을 추는 모션을 취함). 그리고 나면 나는 이렇게 생각한다.

'오늘 하루도 잘 끝났다….'

수염

1990년대 초 텍사스 달라스에 카우보이 밥이라는 예의 바른 강도가 있었다. 5피트 10인치의 키, 튀어나온 배에 수북한 수염, 카우보이모자를 쓰고 은행에 나타나 자신이 은행 강도라는 쪽지를 남기고 현금을 받고 유유히 사라진다. 손에는 아무런 무기도 없었다. 아무런 증거도 단서도 남기지 않은 치밀함 때문에 FBI는 1991년부터 1992년까지 아무런 흔적을 찾을 수 없었다.

그 사이에 5개의 은행이 털렸다. 쪽지를 남기고 현금을 받고 75년형 폰티악 그랑프를 타고 유유히 사라진다. 매번 번호판을 바꿔 달았기 때문에 추적이 어려웠다. 하지만 그는 아주 사소한 실수로 인해 덜미가 잡히고 결국 붙잡히고 만다. 실수로 자신의 진짜 번호판을 차에 달고 범행을 저지른 것이다. 흥미진진했던 범인 추격전은 이렇게 끝나고 만다.

인도로 장기 해외 출장이 잡혀 전날 출장 준비를 미리 해두었다. 충분한 분량의 속옷과 겉옷, 노트북 컴퓨터, 화장품, 양말, 칫솔, 치약까지 모두 철저히 준비했다. 심지어 주변에서 물이 좋지 않다는 이야기를 듣고 생수 5병까지 챙겨 놓았다.

마치 카우보이 밥이 은행털이를 위해 은행의 모든 보안 카메라의 위치를 미리 파악하고 다이팩(dye pack, 은행 강도를 방지하기 위해 은행들이 지폐 다발에 몰래 부착하는 일종의 간이 폭발 장치) 작동 원리까지 상세히 스터디한 것 같은 치밀한 준비였다. '음, 완벽하군, 이 정도면 한 달도 버틸 수 있겠어….' 줄곧 이런 생각을 하며 인도행 비행기에 몸을 실었다.

다음날 일어나 보니 카우보이 밥이 번호판 바꿔치기를 잊은 것 같은 사소한 실수를 저지르고 말았다. 면도기를 한국에 두고 온 것이었다. 아침에 면도하고 가방에 챙기는 것을 잊은 것이다. 고작 면도기 하나 나 두고 온 것이 무슨 호들갑이냐고 묻는다면, 나중에 아이들이 내 주변에서 떠났고, 몇 주간 아내의 미움을 받게 되었다.

당시 면도기가 없음을 인지한 나는 문뜩 이런 생각이 들었다. '그래? 그럼 한번 길러볼까? 이왕 인도에 왔으니 인도인의 마음을 이해하기 위해 수염을 길러야겠군' 하며 작정하고 수염을 길러보기로 마음먹은 것이다. 참고로 인도인들의 수염 사랑은 지극해서 인도에는 수염 전용 세정제, 오일, 샴푸도 존재한다.

게다가 머릿속에는 영화 존 윅의 키아누 리브스나 월드워Z의 브래드 피트가 떠오르며 '뭐, 이 정도면 이국적이면서 멋도 상당하겠는걸'하는 생각도 들었다. 나도 나름 직장인이라 사회활동을 하고 있으니 남의 이목과 상사의 눈치도 있고 해서 좀처럼 수염을 길러 볼 여유도 없을뿐더러, 때마침 잔소리하는 아내도 없으니 수염을 기르기에는 최적의 환경이었다. 이리하여 나의 수염 라이프는 시작되었다.

인도인들이 내 수염을 보며 "오! 나이스 머스타시! 코리안 비어드 뷰티풀!"이라고 외칠 줄 알았으나, 누구 하나 거들 떠보는 사람이 없었다. 10일 정도가 지나니 오히려 수염 때문에 예상치 못한 불편 함이 생겨났다. 종종 음식을 먹을 때 수염에 묻거나(호텔에 돌아오면 꼭 무언가가 수염에 붙어 있다), 고개를 내릴 때 고슴도치 털 같은 빳빳한 수염 때문에 목이 수시로 따끔거렸다.

무엇보다, 유독 오른쪽 콧수염은 탈색된 듯 흰색 수염이 자라 복덕방에서 장기 두는 노인의 수염을 연상케 했다. 조지 클루니처럼 자연스럽고 중후한 수염이 아니라, 인중에는 수염이 자라지 않아 치졸하고 비열한 간신의 이미지가 느껴졌다(나중에 인터넷을 찾아보니 동아시아인은 수염의 밀도가 낮고 다른 인종에 비해 가장 두꺼워 지저분해 보일 수밖에 없는 구조라는 정보를 얻을 수 있었다).

하지만, 난 이런 모든 핸디캡에도 굴복하지 않고 있는 그대로의 수염을 고스란히 간직한 채 한국으로 돌아왔다. 이건 나 자신과의 고독한 싸움이었다. 아무도 알아주지 않아도 나 자신은 알고 있었다. 스스로 약속을 저버릴 순 없었고 내 의지의 한계를 실험해 보고 싶었다. 고국으로 돌아오는 비행기에서 나는 생각했다. '이 작은 승리의 경험이 모여 나는 삶을 살아갈 용기를 얻을 것이다….'

구수한 고향의 향기가 가득한 서울에 도착했다. 있는 힘껏 서울의 공기를 온몸으로 마시며 수염을 쓸어 만지니 기분 또한 한결 침착해졌다. 아프가니스탄 헬만드 지역에 파견된 미군 해병대원이 귀환할 때 느낀 기분이 이러했을까? 잠시 내전과 테러로 고통당하고 있는 중동의 주민들과 젊은 날 대의를 위해 목숨을 바친 국군장병 및 국제연합군에 대해 감사와 애도를 표했다.

"딩동" 초인종을 누르고 싶었으나 우리 집 문은 번호키였다. "띠로리로리~" 차가운 디지털 트랜지스터 소리가 침묵을 깨웠고 문이 열리자 이내 아이들이 달려왔다. "어, 아빠야?" 막내가 둥그렇게 눈을 뜨고 말을 했다. 나는 '훗, 어깨선까지 머리가 내려오는 장발에 한껏 수염까지 길렀으니, 마치 똑, 똑, 똑 마음의 문을 두드리시는 인자하신 예수님의 형상을 본 것처럼 놀라는 것은 당연하다'라고 생각했다.

나는 아이를 들어 바로 아이의 부드러운 살결과 내 얼굴을 맞대며 부비부비 수염 어택(수염을 아이들 얼굴에 비비는 전통식 애정표현)을 가했다. 아이는 "까르르" 웃더니 이내 정색을 하며 내려달라고 한다.

첫째에게 갔다. "너도 어디 한번"하며 첫째 아이에게 얼굴을 비비며 애정을 힘껏 과시했다. 아이들은 도망갔고, 아내는 소리를 질렀다.

"더러운 수염 당장 안 잘라!"

PS. 카우보이 밥의 수염은 가짜 수염이었고, 그는 사실 여자였다. 궁금해하실 독자를 위해 미리 밝히자면 수염 사건 당시 내 수염은 1cm 가량이었다.

시리얼

내가 가장 즐겨 먹는 음식 중 하나는 바로 시리얼이다. 미국 유학 시절부터 줄곧 아침 식사로 시리얼을 먹었는데 지금까지 질리지 않고 매일 시리얼을 먹는다. 해외에 나가서도 호텔 조식으로 시리얼을 챙겨 먹고 심지어 회사에서도 시리얼을 사 먹는다.

“뭐? 회사에서 시리얼을 사 먹는다고?”라고 반문할 독자들에게 간단히 설명하자면 회사 카페에서 컵에 든 시리얼을 판매한다. 카페의 메뉴 중 가장 훌륭하다고 생각하는데, 스타벅스 톨사이즈 쯤 되는 투명 컵에 쫄깃한 크랜베리와 고소한 아몬드, 그래놀라가 아쉽지 않을 정도로 큼직하게 듬뿍 들어간 시리얼을 180ml짜리 저당 우유와 함께 1,500원에 판매한다.

시리얼은 마치 커피 원두의 종류만큼이나 많아 어떤 종류를 먹느냐에 따라 그 사람의 성향을 알 수 있다고 생각한다. 예를 들면 시리얼의 맛에 있어 가장 기본이며 디폴트 값으로 간주하는 켈로그 콘푸르스트를 즐겨 먹는 사람은 원칙 중심적이며 관습과 전통을 중요시하고 보수 정당을 지지할 가능성이 크다.

반면, 형형색색의 다양한 과일 맛으로 채워진 후르트링을 즐겨 먹는 사람은 사교적이며 적극적이고 감정을 쉽게 표출하는 경향이 있으며, 시리얼 대신 죠리퐁이나 인디언 밥을 우유에 타 먹는 사람은 변화를 추구하며 도전 의식과 창의적인 경향이 있다. 물론 아무런 근거가 없는 말이지만 세상 어딘가에는 '시리얼 성격 유형 협회' 같은 것이 존재할지도 모른다.

내 식습관 때문일 수도 있고 아내의 게으름 때문일 수도 있겠지만, 언제부터인가 우리 집 아이들은 아침 식사 대신 시리얼을 먹고 있다.

아이들이 먹는 시리얼은 항상 아내의 취향에 따라 초코 맛으로 결정된다. 마트에 가면 초코 계통의 시리얼을 쭉 살펴보고 그날그날 행사 제품에 따라 초코볼, 오레오, 첵스 초코 중 가장 저렴한 것을 골라오는 것이다.

따라서 아이들 입맛도 달달한 초코 맛에 딱 길들였는데, 최근 장모님이 현미 시리얼을 사 오시자 아이들은 먹기를 거부했다. 하지만 이보다 더 큰 문제가 있는데 우리 집 아이들이 시리얼을 우유에 부어 먹는 것을 싫어한다는 것이다.

시리얼은 우유와 함께 있을 때 그 존재가치가 있다. 마치 신발이 제 짝을 이루고 있어야 의미가 있듯이 말이다. 또한, 나는 시리얼의 맛을 최종적으로 결정짓는 것은 시리얼의 식감도, 향도, 맛도 아니요, 우유에서 온다고 생각한다.

즉, 진정한 시리얼을 먹는다는 것은 제대로 된 우유를 적합한 양의 시리얼과 혼합하는 것이다. 최상의 시리얼은 유지방 4% 이상의 져지(노루처럼 깜찍하게 생긴 젖소) 우유와 함께 마셔야 하지만, 가격 때문에 어쩔 수 없는 경우 유지방 3.5%의 홀스타인 젖소(얼룩무늬 젖소)의 우유를 이용하는 것이 좋다.

영양가 면에서도 우유가 빠진 시리얼은 앙꼬 없는 찐빵이요, 치즈 없는 피자와 마찬가지다. 우유와 시리얼을 함께 먹어야 하는 이유를 과학자들이 밝혀냈는데, 시리얼은 곡류로 만들어진 데다 9가지 비타민과 철분, 아연이 풍부해 우유와 함께 먹게 되면 단백질, 칼슘 섭취량까지 높일 수 있어 균형 있는 영양 섭취를 돕기 때문이라고 한다.

그뿐만 아니라 시리얼과 우유를 함께 먹는 경우 시리얼 속에 포함된 비타민D가 칼슘 흡수를 도와 우유만 먹었을 때 보다 칼슘 섭취량이 더 높여준다. 따라서 아이들의 성장에 필요한 칼슘과 시리얼의 영양소가 어우러져 더할 나위 없이 좋은 음식 궁합 효과를 볼 수 있는 것이다.

몇 번의 시행착오를 거쳐 아이들에게 우유와 시리얼을 함께 먹일 수 있는 몇 가지 설득 방법을 공개하고자 하니 참고하길 바란다.

설득 방법1. : 우유를 말아 먹을 때 얻게 되는 부가적인 혜택을 설명.

시리얼에 우유를 부으면 우유가 초코 우유가 된다. 초코 우유는 맛있다. 달콤한 시리얼을 건져 먹고 마지막으로 초코 우유까지 마시면 기분도 좋아지고 건강해진다.

설득 방법2. : 기브 앤 테이크 전법(단, 오레오 오즈, 첵스 마시멜로에 한정함).

몇몇 초코 시리얼에는 조그마한 마시멜로가 들어있다. 보통 아이들은 마시멜로가 너무 맛있기에 마시멜로만 쏙쏙 빼먹는 경향이 있다. 따라서 우유를 마시면 마시멜로를 5개 더 넣어 주겠다고 제안한다. 우유까지 다 마시면 마시멜로 몇 개를 더 주겠다는 응용도 가능.

PS. 그래도 우유를 안 먹을 경우 연락해주시기를.
지면에 실지 못한 팁을 알려드리겠다.

장염

지금은 편의점과 커피숍에서도 저렴하게 팔리고 있는 바나나는 내가 어렸을 때, 적어도 1980년 중후반까지만 하더라도 굉장히 귀한 음식이었다. 한국물가정보 종합물가총람에 따르면 1988년 바나나 한 개의 가격은 2,000원대였다. 당시 바나나 17개가 붙은 한 송이의 가격은 약 3만 4000원으로 서울에서 부산까지 가는 비행기(항공 요금 2만 5,900원) 요금보다 비쌌다.

당시에는 필리핀과 대만에 비료와 철강을 수출하려면 우리도 그 나라 생산품을 사줘야 했다. 바나나는 그럴 때나 조금씩 들어오던 수입제한 품목이었다. 따라서 당시 중산층 아버지들은 정말 집안의 경사나 특별한 행사가 있을 때 큰맘 먹고 한 송이 사 들고 오던 것이 바로 바나나였다.

요즘 시대, 마치 바나나같이 귀중한 과일을 꼽는다면 나는 단연 망고라고 생각한다. 몇 년 전 한 대형 유통점에서 "1만 원도 안 되는 가격, 필리핀 망고가 9,990원!(개당)"이라는 홍보를 대대적으로 했는데 며칠 안 돼서 전국적인 품귀현상을 빚은 일이 있었다.

지금이야 망고가 대중화되었다고는 하지만, 아직까지 싱싱하고 먹을 만한 망고는 블루베리 100g보다 비싼 가격에 판매된다. 물론 가격이 비싼 만큼 맛도 기가 막히게 맛있다.

나는 여건만 된다면 밥 대신 망고만 먹을 정도로 굉장히 좋아하는데, 실제로 인도에서 몇 주간 아침밥 대신 망고만 먹었다. 껍질째 슬라이스 된 생망고를 최소 3접시 이상은 꼬박 먹은 것 같다.

마리아투 카마라의 소설 '망고 한 조각(The Bite of the Mango)'의 주인공은 한 사내가 건네는 망고 조각을 통해 새로운 삶의 전환점을 맞이했는데 냉동 망고나, 말린 망고만 먹다가 망고의 원산지 인도에서 과육이 제대로 박힌 제철 망고를 먹고 있으니, 마치 마리아투가 건네는 '희망의 망고 한 조각'의 참된 의미를 깨우친 듯했다.

그런데 한 가지 문제가 생겼다. 아침에 먹은 망고가 잘못되었는지, 망고를 먹자마자 바로 설사가 나왔다. 한 가지 특이한 것이 보통 바이러스성 장염이 두통, 발열, 복통을 수반하는 데 비해 정말 말 그대로 설사만 나온다는 것이다.

문제는 더욱 심각해져서 한국행 비행기 안에서도 줄곧 설사해댔으며 한국에 와서도 호전될 기세가 보이지 않았다. 나는 장이 꽤 튼튼한 편이라 소화에 별다른 문제를 겪은 적이 없었는데 장염에 정말 단단히 걸리고 말았다. 겪어본 사람은 알겠지만, 장염이 가장 무서운 이유는 불규칙성과 불예측성에 있다.

즉, 마치 센스없는 텔레마케터가 중요한 업무 회의 때 불쑥 전화해 "고객님, 새로운 금융상품이 출시되었습니다"라고 말하듯 설사라는 녀석은 전혀 맥락이 없는 상황에 불쑥 찾아와 "흥, 어디 맛 좀 봐라"라는 식으로 사람을 당황하게 만드는 것이다.

그날 저녁 아이들이 놀이터에 나가 놀자고 보챘다. 나는 못 이기는 척 병원에서 준 알약을 몇 개 주워 먹고 놀이터로 나갔다. 아이들은 공터에 심어진 잡초를 뜯으며 놀고 있었다. 심어진 잡초의 절반이 뜯겨 나가는 시점이 되자, 갑자기 배에서 설사의 어택이 들어왔다. 이전에 경험하지 못한 아주 강력한 한 방이었다.

도저히 참을 수가 없었다. "얘들아, 아빠 화장실 갔다 올게!" 나는 다급하게 소리 지르며 아이들을 버려둔 채 근처 상가로 뛰어갔다. 아이들의 안전이나 상황은 고려할 여유가 없었다. 모든 신경이 항문에 집중되어 앞이 보이지 않았다.

어떻게든지 벌어지는 항문을 부여잡고 화장실을 찾아 문을 덜컹 열었다. 휴지는 없었다. 하지만 더는 지체할 시간이 없었다. "푸우앙!!!!" 바지를 내리는 순간, 마치 개조된 머플러에서 나오는 듯한 굉음을 내지르며 내 똥은 그 자리에서 폭발하고 말았다.

영어 표현 중에 "I have explosive diarrhea"라는 표현이 있다. 번역하자면 "나는 폭발성 설사를 하고 있어" 정도 되겠다. 말 그대로 폭발이었다. "포카리스웨트를 마시면 설사로 인해 전해질이 빠져나가 몸과 영혼이 분리되는 것을 막아줍니다"라는 말을 인터넷 어디선가 주워듣고 포카리를 500리터가량 벌컥 마셔버린 것이 화근이었다. 휴지가 없기에 엉덩이를 있는 힘껏 탈탈 털고 적당히 바지를 올리고 다시 놀이터로 나왔다.

비 온 뒤 막 갠 하늘은 깨끗하고 아름다웠다. 새가 지저귀는 소리와 어디 선가에서는 모차르트 소나타 1번이 흘러나왔다. 누군가 피아노 연습을 하는 모양이다. 그러는 순간 나는 깨달았다. 팬티가 스멀스멀 젖어 간다는 사실을….

이전에 에드 시런이 호주 라디오 Nova FM의 라이브 공연을 하다가 방귀를 뀌었는데 그만 바지에 똥을 싸고 말았다고 인터뷰에서 밝힌 적이 있어 비웃은 적이 있는데, 이런 일들은 실제로 우리의 삶에서 일어나는 것이다.

"아빠, 어디 갔다 왔어?" 막내가 당황했다는 듯이 급하게 물었다.

"응, 화장실."

PS. 참고로 크리스 브라운은 "스타들은 무대에 오르기 전에 반드시 화장실에 갔다 와야 한다"라는 명언을 남긴 바 있다. 크리스는 MTV 공연에서 춤을 추다 방귀를 뀌었는데 그만 바지에 똥을 지리고 말았다. 그는 대변이 자신의 다리를 타고 흘러내리는 것을 무기력하게 느끼고 있어야만 했다고 한다. 그래서 아이들과 놀이터에 가기 전에는 반드시 화장실을 미리 가야 한다.

쥬꾸자바 죵죵죵

지금은 이해가 안 되지만, 시간이 한참 흐르면 이해되는 것들이 있다. 어렸을 적 로봇 장난감을 사달라고 졸랐을 때 사줄 수 없었던 아버지의 마음, 진귀한 열대 과일이었던 바나나를 건네며 나는 배부르니 많이 먹으라던 어머니의 마음, 학기 초반부터 회초리를 들며 기선을 제압하던 선생님의 마음 같은 것들이다.

당시 어린이의 눈높이로 이해가 되지 않지만, 빗물처럼 서서히 스며드는 경험과 자의든 타의든 간에 나이를 먹어감에 따라 갖게 되는 사회적 지위나 역할로 보이지 않던 것들이 문뜩 이해되는 것이다. 비슷한 의미로 당시에 문맥적 의미를 몰랐으나 한참 커버린 후 '음, 이런 의미였군'하고 깨닫게 되는 것들도 있다.

채린이가 4살 때 일이다. 채린이가 매일 흥얼거리던 노래가 있었는데 가사를 자세히 들어보니 "주꾸자바 죻죻죻"이란 말의 반복이었다. 궁금해서 어디서 나오는 노래냐고 물어봤더니 "응, 이거 TV에서 라이언 소대에 나오는 거야"라고 대답했다.

당시 이 노래가 너무 궁금해서 채린이의 말을 근거로 한참을 인터넷에서 찾아보았지만 찾을 수가 없었다. 왠지 모르겠지만 당시에 이 가사와 멜로디가 귀에 착 붙어 떠나지를 않았는데, 혼자 샤워를 하거나, 거리를 걷거나, 심지어 회사에서 업무를 하다가도 무의식적으로 "쥬꾸자바 죻죻죻"을 중얼거리고 있었다.

아무런 의미도, 음정도, 멜로디도 모르지만, 이 "쥬꾸자바 죻죻죻"이라는 말이 뇌리에서 떠나지 않았다. 하루에서 수십 번 같은 말을 중얼거렸다. 하지만, 시간이 흘러 끝없이 무덥던 여름의 문턱이 막바지에 이르고, 더는 매미의 울음소리를 들을 수 없게 되자, 나도 이 말을 멈추고 말았다.

채린이의 관심이 시크릿 쥬쥬나 에그엔젤 코코밍 같은 다른 만화로 옮겨 가자 나도 자연스럽게 이 말을 하지 않게 되었고, "주꾸자바 죻죻죻"은 기억의 저편에서 흐릿하게 희석되어 간 것이다.

그리고 4년이 흘렀다. 그동안 채원이가 태어나고, 회사를 옮

겼으며 몇 개의 원고 계약도 있었다. 그러던 어느 퇴근길, 정부가 한국 경제 성장률 전망치를 0.2% 포인트 하향 조정했다는 인터넷 기사를 보게 되었는데 그 순간 갑자기 인도 다람살라에서 수련의 임계치를 넘어 득도해버린 고승의 깨달음처럼 대뇌 변연계에서 '주꾸자바 좋좋좋'에 대한 기억이 떠올랐다.

의도했던 바는 아니지만, 마치 한번 자전거를 타는 방법을 알게 되면 그 방법을 잊지 않는 것처럼 이것이 절차 기억으로 남게 되어 아무런 의식의 방해가 없이 순간적으로 이 말이 입 밖으로 나오게 된 것이다.

아마 4년 전 반복된 신호가 신경세포가 연결되는 시냅스 강화를 통해 '쥬꾸자바 좋좋좋'을 뇌의 깊숙한 저장 장치에 각인시켜 버려 내 일부가 된 것 같다(뛰어난 음악가와 운동선수는 절차 기억을 통해 남들보다 뛰어난 능력을 발휘한다고 하지만, '쥬꾸자바 좋좋좋'을 절차 기억을 통해 무의식적으로 반응한다는 것이 삶에 어떤 의미를 가져올지는 모르겠다).

나는 '쥬꾸자바 좋좋좋'이 다른 환경의 간섭으로 다시 기억의 늪에 가라앉기 전 재빨리 유튜브를 켜서 검색했다. 아무런 검색 결과가 나오지 않았다. 4년 전처럼 실패할 수 없다는 생각이 들었다.

나는 마치 2차 세계대전 당시 독일의 에그니마의 다중 치환

암호를 해독하기 위해 발버둥 치는 연합군의 마음으로 수많은 키워드의 조합을 사용해 본격적인 검색에 들어갔다. 30분간의 사투 끝에 결국 이 노래의 정체를 알아냈다.

기쁨과 허무함이 공존했다. 에니그마의 일일 배열표를 풀어 폴란드 암호국에 넘긴 정보원의 마음도 이와 같을 것이다. 이 노래의 제목은 '라이언 소대'의 '쥬쿠자바 죵죵죵죵'이 아닌 '라이언 수호대'의 삽입곡 '주카 자마 좀좀좀'이었다.

나는 너무 기쁜 나머지 채린에게 달려가 "주카 자마 좀좀좀이었어!"라고 외치며 2분 40초가량의 오피셜 뮤직비디오를 보여주었다. 영상을 다 본 채린이는 이렇게 말했다.

"응, 미안, 그때는 내가 어려서 쥬꾸자뱌 죵죵죵인줄 알았어."

PS. 참고로 미국 라이온 수호대 팬덤 웹사이트에 따르면 '주카 자마 좀좀좀(Zuka zama zom zom zom)'은 동아프리카 해안 지역에 사는 스와힐리 족의 언어인 스와힐리어로 주카=튀어 올라(pop up), 자마=뛰어 들어(drive in, 좀=가(go)의 의미라고 한다.

흥이 많은 독자께서는 아래 1절 가사를 참고하여 신나게 팔다리를 흔들며 노래해 보자.

"주카 자마 좀좀좀 주카 자마 좀좀좀
정글 사는 건 즐거워 주카 자마 좀좀좀
신나는 모험이 기다려 주카 자마 좀좀좀
조금 위험해도 기분 좋아! 주카 자마 좀좀좀
내 걱정 하지 마 괜찮아
주카 자마 좀좀좀 주카 자마 좀좀좀 주카 자마 좀좀좀"

에 필 로 그

최근 디즈니 만화 알라딘이 실사판 영화로 개봉해 흥행에 크게 성공했다. 알라딘에서도 단연 돋보이던 캐릭티는 지니를 연기한 윌 스미스일 것이다. 하지만 영화 개봉 몇 주 전까지만 해도 대중들과 언론들은 윌 스미스의 지니에 상당히 부정적이었다.

“스틸컷의 지니는 충격적이고 공포스럽다. 윌의 분장은 스머프를 연상케 한다”라는 혹평이 난무했다. 또한, 오리지널 애니메이션의 지니는 당대 최고의 배우였던 로빈 윌리엄스가 자신의 해석을 가미해 캐릭터와 동화된 연기를 선보였기에 평론가의 극찬을 받은 캐릭터였다.

일각에서는 로빈에 의해 대체 불가능한 캐릭터가 되어 버린 지니 역할을 윌 스미스가 제대로 소화해 낼 수 있을지에 대한 의구심을 보냈다. 하지만, 그는 자신만의 지니를 멋지게 소화해 냈고 알라딘을 통해 자신의 필모그래피 사상 역대 최고의 성과와 수익을 일궈냈다.

나와 비슷한 또래의 아이를 가진 주변의 직장 동료나 친구들로부터 이런 이야기를 종종 듣는다. "교육은 아내한테 다 맡겼어. 내가 정보력을 따라갈 수 없다니까.", "뭐, 아시겠지만, 워낙 야근이 많아서 주말에만 가끔 놀러 나가지요.", "집에 가면 11시인데 애가 안 자고 버티고 있어. 아빠랑 조금이라도 놀려고."

요즘이야 주 52시간 근무제도 도입과 워라벨 등의 인식으로 많이 변화되고 있지만, 아직 한국 아빠들이 직장 생활이라는 것이 그리 녹록하지 못하다. 그저 바쁜 일과 속에 쫓겨 퇴근하고 집에서 한숨을 돌리고 나면 다시 직장으로 뛰어 들어가야 하는 치열한 삶의 전선에 서 있는 평범한 아빠들에게는 말이다.

윌 스미스는 한 인터뷰에서 "로빈은 많은 양의 고기를 뼈에 남기지 않았다"라며 배역에 대한 자신의 어려운 심정을 토로한 적이 있는데, 생각해보면 아빠가 육아를 한다는 것은 마치 윌 스미스의 지니와 같다고 생각한다. 아빠의 역할보다는 엄마 친구들에게 얻는 정보나 조부모의 재력, 또는 지역 맘 카페를 통해 공유된 아이를 명문 학교에 진학시키는 비법같이 공식화되어버린 육아 프로세스 같은 것이 만연하고 있는 요즘, 아빠는 육아에 개입의 여지가 없어 보이고, 영향력도 잃어버린 듯 보인다.

그저 한 발자국 뒤로 물러나 가끔 아이를 격려해주거나 위로해주는 역할에 만족해야 한다고 말하는 이들도 있을 정도다.

하지만, 이런 상황에서도 아빠가 아이들의 목소리에 귀를 기울이고, 관심을 두고 일상의 삶에 최선을 다하기 시작할 때 아이에게는 더 큰 변화와 더 큰 성장이 있을 것이라고 확신한다. 윌 스미스가 자신의 색깔을 입혀서 로빈의 지니라는 거대한 벽을 뛰어넘어 더욱 생동감 있는 지니를 탄생시켰듯이 말이다.

아빠가 이전보다 더욱 적극적으로 육아에 개입하라는 이야기는 아니다. 단지, 바쁘고 지친 일상에서도 아이와 함께 하는 순간만큼은 조금 더 관심을 두고 진심으로 대하면 그것으로 충분하다.

그리고 자신의 소신과 철학을 갖고 아이들에게 다가간다면 그것으로 이미 훌륭한 육아를 하고 있는 것이다. 더 좋은 교육과 값비싼 경험을 아이들에게 주지 못했다고 주눅 들거나 아쉬워할 필요 없다. 아이들은 그것으로 아빠의 사랑을 몸에 새겨나가며 성장해 나갈 테니 말이다.

아빠는 아이들의 영원한 지니가 아닌가?

초판 1 쇄 2020년 4월 20일
지 은 이 _ 이용준
펴 낸 이 _ 김현태
디 자 인 _ 디자인 창(디자이너 장창호)
펴 낸 곳 _ 따스한 이야기
등 록 _ No. 305-2011-000035
전 화 _ 070-8699-8765
팩 스 _ 02- 6020-8765
이 메 일 _ jhyuntae512@hanmail.net

따스한 이야기 페이스북
https://www.facebook.com/touchingstorypublisher

따스한 이야기는 출판을 원하는 분들의 좋은 원고를
기다리고 있습니다.

가격 13,000원